高等院校学术研究专著系列

安石榴苷对沙门氏菌的抑制作用及机理

李光辉 著

U0194079

郑州大学出版社

图书在版编目(CIP)数据

安石榴苷对沙门氏菌的抑制作用及机理/李光辉著.—郑州：
郑州大学出版社,2021.9(2024.6重印)

ISBN 978-7-5645-8201-2

Ⅰ.①安… Ⅱ.①李… Ⅲ.①石榴-苷-影响-沙门氏杆菌属-
研究 Ⅳ.①Q939.11

中国版本图书馆 CIP 数据核字(2021)第 197815 号

安石榴苷对沙门氏菌的抑制作用及机理
ANSHILIUGAN DUI SHAMENSHIJUN DE YIZHI ZUOYONG JI JILI

策划编辑	袁翠红	封面设计	苏永生
责任编辑	杨飞飞	版式设计	苏永生
责任校对	崔 勇	责任监制	李瑞卿

出版发行	郑州大学出版社	地 址	郑州市大学路 40 号(450052)
出 版 人	孙保营	网 址	http://www.zzup.cn
经 销	全国新华书店	发行电话	0371-66966070
印 刷	廊坊市印艺阁数字科技有限公司		
开 本	787 mm×1 092 mm 1 / 16		
印 张	8.5	字 数	204 千字
版 次	2021 年 9 月第 1 版	印 次	2024 年 6 月第 2 次印刷

书 号	ISBN 978-7-5645-8201-2	定 价	58.00 元

本书如有印装质量问题,请与本社联系调换。

作者简介

李光辉,男,1985年出生,博士,副教授,河南驻马店人,中共党员,河南省第15批博士服务团成员,许昌市—许昌学院校地共建人才"双百工程"第三批挂职人员,许昌学院"316"特设人才,许昌学院优秀青年骨干教师,许昌"英才计划"入选者,河南省农产品加工与贮藏工程学会会员,河南省食品科学技术学会功能食品专业委员会委员,美国微生物协会会员。现为许昌学院食品与药学院教工第一党支部书记、食品质量与安全系副主任,主要讲授食品分析、食品添加剂、食品安全学、食品卫生学等课程。曾获得许昌学院优秀教师、许昌学院优秀党员、许昌学院师德先进个人等荣誉。

学术研究方向:①天然活性物质的抗菌作用及机制;②特色农产品贮藏与保鲜;③特色农产品营养化加工。

主持的科研项目:①国家自然科学基金(No.31701716)——调控因子hilA在安石榴苷调节食源性沙门氏菌致病性中的作用及机制研究(2018—2020);②河南省科技攻关(No.172102310444)——腐竹全产业链中金黄色葡萄球菌的分布、特性及溯源研究(2017—2018);③河南省高等学校重点科研项目计划(No.16A550004)——香椿老叶多酚对食源性金黄色葡萄球菌的抑制机制及对其致病性的影响(2016—2017);④横向项目——特殊人群杂粮营养产品开发与产业化(2018—2019)。发表论文40多篇,其中SCI论文13篇。

教学研究方向为应用型课程、人才培养模式。曾获得许昌学院第二届应用型课程设计竞赛二等奖,参与河南省高等教育教学改革研究与实践项目1项,主持校级教研项目3项,参与校级教研项目2项,发表教研论文5篇,指导学生获批国家级和省级大学生创新创业训练计划各1项。

前　言

　　沙门氏菌是危害人类和动物健康的重要致病菌。沙门氏菌可引起伤寒、副伤寒以及胃肠道疾病等。沙门氏菌感染引起的轻微的胃肠道症状一般可以自愈,然而对于较为严重的胃肠道症状和系统性的感染,药物治疗(如氟喹诺酮类和四环素类药物)是目前重要的有效控制感染的手段。然而大量耐药菌株的出现,尤其是一些多重耐药菌株如 DT104 菌株(通常同时耐五种或五种以上的抗生素)在全球的流行,给预防和控制沙门氏菌感染带来诸多困难。因此,探索有效、安全而又不易导致耐药的抗感染物质对预防和控制沙门氏菌等微生物类感染具有特别重要的意义。

　　石榴为石榴科、石榴属植物,其果皮具有很高的药用价值,研究证实石榴皮具有抗氧化、抗肿瘤、抗菌、抗病毒、降血脂等活性。目前,体外研究证实石榴皮提取物具有抑制多种食源性致病菌以及病毒的作用,且其抑菌作用主要归功于其所含的单宁类物质。然而石榴皮中抗感染的主要成分和其抗感染的机制尚不明确。

　　本书以安石榴苷为材料,首先,通过体外模型,对安石榴苷抗沙门氏菌感染的可能机制进行探讨:一方面通过体外实验确定其是否能直接抑菌生长以及抑制机制;另一方面探讨除抑菌生长外的其他可能机制。通过 RT-PCR 技术探究安石榴苷对沙门氏菌毒力因子表达的影响;通过报告菌株和 RT-PCR 对安石榴苷影响沙门氏菌群体感应进行研究;运用上皮细胞研究安石榴苷对沙门氏菌黏附及侵入能力的影响;运用巨噬细胞研究安石榴苷的免疫调节作用。其次,通过构建发光沙门氏菌,并采用小鼠灌胃感染实验研究安石榴苷抗沙门氏菌感染的具体效应。最后,利用 RNA-seq 技术考察安石榴苷对沙门氏菌全基因表达谱的影响。

　　本研究将为从石榴皮中开发用于预防及控制沙门氏菌疾病的物质或新型的食品防腐剂提供理论基础。

李光辉

2021 年 3 月 22 日

目　录

第 1 章 绪 论

1.1 石榴概述

石榴(*Punica granatum* L.)为石榴科、石榴属的小乔木或落叶灌木植物。在中国,石榴主要集中在云南蒙自、陕西临潼、四川会理、山东枣庄、安徽怀远和新疆喀什等地种植,其中云南蒙自是石榴的第一大产区,无论是种植面积还是年产量均居全国之首(滕碧蔚,2013)。临潼石榴被称为果中珍品,以色泽艳丽、汁多味甜、果大皮薄、籽肥渣少、核软鲜美、品质优良等特点而著称。2011 年,临潼石榴的种植面积约为 12 万亩,产量达到 6 万吨,年出口量为 10 万千克左右;另外,通过石榴无公害生产基地的建设,临潼石榴的食品安全等级得到进一步的提高,90%的临潼石榴为无公害食品,60%以上的石榴达到了绿色食品标准(杨瑞和杨光,2011)。

石榴皮是石榴的干燥果皮,研究表明石榴皮具有降血脂、抗病毒、抗氧化、抗腹泻、抗肿瘤及抗菌等生理活性(热依木古丽·阿布都拉等,2013)。石榴皮具有丰富的多酚类物质,为石榴皮干重量的 10%~20%,其组分为安石榴苷、没食子酸、表儿茶素、石榴皮亭 A、石榴皮亭 B、鞣花酸等,其中安石榴苷含量最高(杨筱静等,2013)。石榴皮占石榴的 20%~30%,除少数药用外,绝大部分却没有被充分的利用,几乎被废弃,造成资源的极大浪费。目前,石榴皮的应用主要集中在食品、药品、日化用品和功能高分子材料等方面。

1.2 安石榴苷概况

1.2.1 结构特性及来源

安石榴苷[2,3-(S)-hexahydroxydiphenoyl-4,6-(S,S)-gallagyl-D-glucose]是一种多羟基的酚类化合物,分子式为 $C_{48}H_{27}O_{30}$,分子量为 1 084.72。安石榴苷为棕褐色粉末,易溶于水、乙醇和甲醇等,属于水解性单宁。安石榴苷的化学结构式如图 1-1 所示。

安石榴苷主要存在于石榴科植物中,为石榴的主要活性成分之一,分布于石榴的皮、籽和汁中(孟祥乐等,2014);安石榴苷具有同分异构体,分别为 α 型和 β 型(见图 1-1)。安石榴苷为石榴皮中含量最高的鞣花酸单宁,占石榴皮干果重的 5%~15%(张杰等,2014);受气候、品种和管理水平等的影响,不同地区的石榴皮中安石榴苷的含量会有所差异。

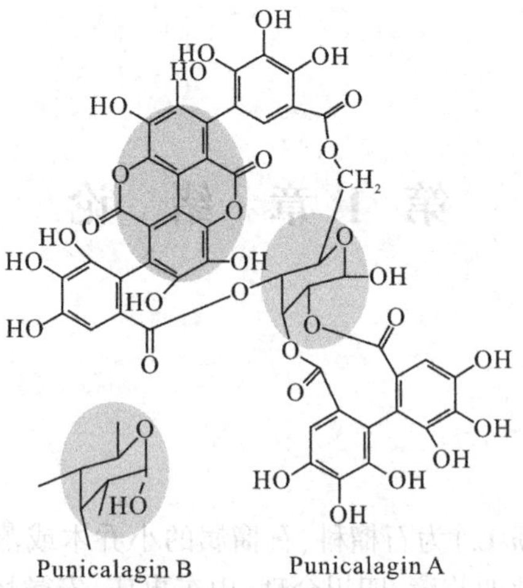

Punicalagin B   Punicalagin A

图 1-1   安石榴苷同分异构体的化学结构（Aqil et al，2012）

1.2.2   生理活性功能

1.2.2.1   抗氧化作用

安石榴苷具有酚羟基的结构，是石榴皮多酚中起关键抗氧化作用的成分。体外研究表明，安石榴苷具有较强的清除超氧阴离子自由基（O^{2-}）、ABTS·自由基、DPPH·自由基以及 H_2O_2 的能力。另外，安石榴苷对脂质的过氧化具有一定的抑制作用（Aqil et al，2012；Seeram et al，2005；Kulkarni et al，2004；梁俊等，2012）。

1.2.2.2   抗病毒作用

安石榴苷对单纯疱疹 1 型病毒、巨细胞病毒、丙型肝炎病毒、登革病毒、麻疹病毒和呼吸道合胞病毒等具有抑制作用，其机制主要是干扰病毒与细胞表面的氨基多糖（GAGs）的相互作用（Lin et al，2013）。另外，Yang（2012）通过小鼠实验证明安石榴苷能降低肠病毒 71 引起的细胞病变，降低小鼠的死亡率，并减轻肠病毒感染小鼠的临床症状。

1.2.2.3   抗菌作用

研究表明，安石榴苷具有抑制多种食源性致病菌（大肠杆菌、金黄色葡萄球菌、沙门氏菌和弧菌）的能力，其最小抑菌浓度（*MIC*）范围为 45～3 200 μg/mL（Taguri et al，2004）。其次，安石榴苷对真菌（*Alternaria alternata*、*Penicillium digitatum*、*Penicillium expansum* 等）也具有较强的抑制作用（Glazer et al，2012）。另外，Li et al（2014）表明富含安石榴苷的石榴皮提取物对单核增生李斯特菌具有抑制作用，其机制为富含安石榴苷的石榴皮提取物破坏单核增生李斯特细胞膜的结构，使胞内的紫外物质、钾离子和 ATP 释放到胞外，细胞膜电势和胞内外 pH 值差也发生改变；另外，李斯特菌的菌体形态也发生了变化。

1.2.2.4   护肝作用

Lin et al（1998，2001）研究表明，安石榴苷对四氯化碳或乙酰氨基酚诱导的小鼠肝损伤具有治疗作用；安石榴苷能够降低肝损伤小鼠血清中谷草转氨酶和谷丙转氨酶的含量，并能减轻四氯化碳或乙酰氨基酚对小鼠所造成的肝中央静脉病理病变以及氧化损伤。

1.2.2.5   抗炎作用

在炎症反应的过程中，安石榴苷能够抑制巨噬细胞 RAW264.7 合成 NO，并能够减少白介素(IL)-6,IL-1β,肿瘤坏死因子(TNF)-α 和前列腺素 E2(PGE2)的分泌;同时,通过抑制 IκBα 和 p65 的磷酸化而抑制 MAPK 和 NF-κB 通路的激活(Xu et al,2014)。另外,安石榴苷能抑制 CD4⁺T 细胞合成 IL-2,并通过动物实验表明安石榴苷能够抑制丙二醇甲醚醋酸酯诱导的小鼠耳部慢性水肿或者角叉菜胶诱导的鼠急性足爪肿胀(Lee et al,2008;Lin et al,1999)。

1.2.2.6　抗癌作用

安石榴苷能够诱导 U87MG 胶质瘤细胞、肺癌、乳腺癌、口腔癌、结肠癌和前立腺癌等细胞的凋亡或自噬(Aqil et al,2012;Wang et al,2013;Seeram et al,2005)。研究表明,抑制 MAPK、AKT 和 NF-κB 等信号通路的激活或通过线粒体途径使肿瘤细胞凋亡是安石榴苷抗癌的主要机制(Adams et al,2006;Larrosa et al,2006)。

1.2.2.7　减肥作用

Wu et al(2013)研究表明,安石榴苷对脂肪酸合酶具有抑制作用,其机制为抑制乙酰基/丙二酰基转移酶和酮脂酰酶的活性。另外,安石榴苷能够减少脂肪在 3T3-L1 脂肪细胞(该细胞过表达脂肪酸合酶)内的累积。

1.2.3　代谢及毒性

1.2.3.1　代谢

安石榴苷的代谢途径如图 1-2 所示(Cerda et al,2005)。

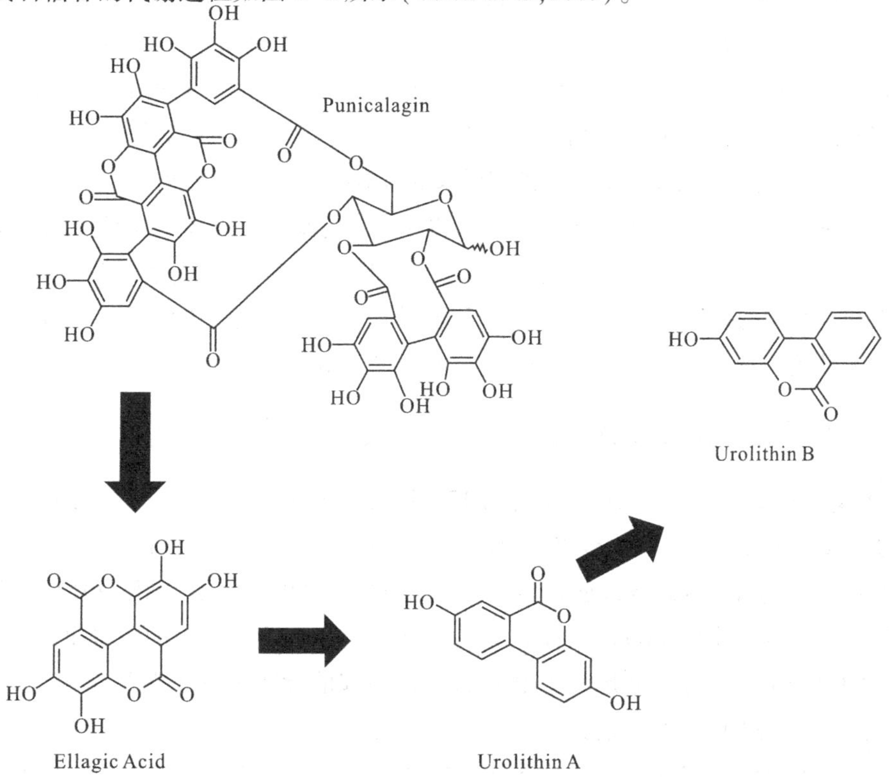

图 1-2　安石榴苷生成尿石素的代谢途径 (Cerda et al,2005)

安石榴苷由 2~3 个鞣花酸聚合而成,是已知的分子量最大的酚类物质。经口摄入之后,安石榴苷不能被机体直接吸收,而是被代谢生成一系列物质。首先,安石榴苷经中间体(六羟基联苯二酰酸)被代谢生成鞣花酸;其次,鞣花酸被机体直接吸收,在微生物的作用下代谢生成尿石素 A、尿石素 B 等。研究表明,安石榴苷的生理活性功能主要是通过尿石素来实现的,并且尿石素可以在肠道内累积达到 μmol/L 以上(Cerda et al,2005)。

1.2.3.2 毒性

Cerda et al(2003)研究表明,SD 大鼠自由摄入食物(含 6%的安石榴苷)37 天后,大鼠的肝、脾和肾等组织没有明显的病理改变,血液指标也较正常,说明安石榴苷对大鼠是无毒性的。Patel et al(2008)通过亚急性实验表明,灌胃石榴皮提取物(含 30%的安石榴苷),600 mg/(kg·d)90 天后,大鼠在体重、饮食量、血生化、血常规和组织病理等方面无明显的变化,进一步证实安石榴苷是无毒的。另外,石榴皮提取物(含 30%的安石榴苷)无明显损害作用的水平为 600 mg/(kg·天)。

1.3 沙门氏菌

1.3.1 概述

沙门氏菌(*Salmonella*)为革兰氏阴性菌,属肠杆菌科、沙门氏菌属,为条件性胞内致病菌。除少数外,大多数沙门氏菌具有鞭毛,能够运动(王俊红和王艳明,2008)。目前,全世界已报道的沙门氏菌的血清型有 2 500 余种,我国有 292 个血清型(黄静玮等,2011)。沙门氏菌大致分为三大类:专对人类致病的沙门氏菌、专对动物致病的沙门氏菌、对人和动物都致病的沙门氏菌。与人类疾病有关的沙门氏菌的血清型主要有伤寒沙门氏菌,鼠伤寒沙门氏菌,猪霍乱沙门氏菌,肠炎沙门氏菌,甲、乙和丙型副伤寒沙门氏菌,鸭沙门氏菌等(杨保伟,2010)。沙门氏菌菌体表面含有蛋白质、脂蛋白和脂多糖等,这些成分能够引起宿主的免疫反应,可与相应的抗体结合并产生凝集反应;沙门氏菌的抗原一般分为三种类型:菌体(O 抗原)、鞭毛或菌毛(H 抗原)以及包膜(Vi 抗原)(刘斌,2012)。

1.3.2 沙门氏菌污染食品状况

据统计,2012 年我国食物中毒事件为 174 起,中毒 6 685 人,死亡 146 人,其中微生物性食物中毒事件报告中毒人数最多,主要是由沙门氏菌、蜡样芽孢杆菌、副溶血性弧菌、大肠杆菌、肉毒毒素、葡萄球菌肠毒素等引起(卫生部,2012)。在美国,2012 年总共有 19 637 起中毒事件,住院 4 600 人,死亡 69 人,其中由沙门氏菌引起的中毒事件居首位,为 7 842 起(CDC,2012)。由此可见,沙门氏菌所引起的食物中毒非常普遍,已对人类的健康及食品卫生构成极大的威胁。

研究表明,沙门氏菌主要污染鸡肉、牛肉、猪肉、奶制品和蛋等食品;近年来,西红柿、花椰菜和香菜等新鲜蔬菜污染沙门氏菌的事件也有报道(Carrasco et al,2012)。Yang et al(2011)从广西、广东、北京、上海、河南、陕西、福建和四川等省采集了 1152 份生鸡肉样品,考察鸡肉中沙门氏菌的污染状况,表明 52.2% 的样品能分离得到沙门氏菌。Yang et al(2010)对陕西省猪肉中污染沙门氏菌的情况进行研究,结果为 31% 的猪肉样品中含有沙门氏菌。Sallam et al(2014)发现埃及曼苏拉市牛肉制品(新鲜牛肉、碎牛肉和牛肉汉堡)中沙门氏菌污染率为 19.26%。Esaki et al(2013)对日本国内蛋样品中污染沙门氏菌的情况进行了调查,结果为 0.0029% 的蛋样品污染了沙门氏菌。陈玲等(2013)对中国南方食品中污染沙门氏菌的情况进行了研究,结果显示,75 份样品中含有沙门氏菌,其中 2 份样品为蔬菜。由此可见,沙门氏菌极易污染食品,在食用或加工的过程中,应采用合适的方法或技术减少沙门氏菌在食品中的存在,减少食物中毒事件的发生。

1.3.3　致病性

1.3.3.1　毒力岛

毒力岛(Pathogenicity islands,PAI)是负责编码细菌毒力基因簇的染色体片段,其 DNA 分子量相对比较大。目前,已经有 12 个毒力岛(SPI 1-SPI 10、SGI-1 和 HPI)在不同血清型的沙门氏菌上被发现。一部分毒力岛广泛地存在于不同血清型的沙门氏菌中;而有些毒力岛是某种血清型的沙门氏菌所特有。目前,前 5 个毒力岛(即 SPI-1、SPI-2、SPI-3、SPI-4 和 SPI-5)的功能特性研究的较清楚(陈冬平和罗薇,2012),它们的结构见图 1-3(Marcus et al,2000)。沙门氏菌所含有的 12 个毒力岛的特征见表 1-1(Hensel,2004),在这里,对 SPI-1、SPI-2 和 SPI-3 进行重点介绍。

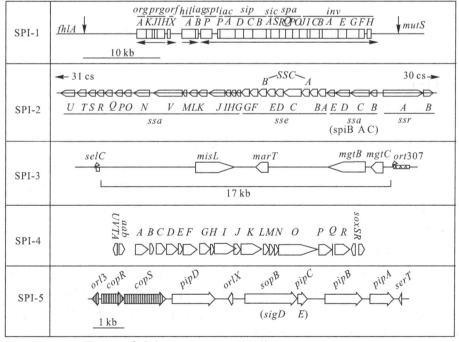

图 1-3　毒力岛 SPI 1~SPI 5 的结构(Marcus et al,2000)

表1-1 沙门氏菌毒力岛的特征

名称	长度/kb	G+C含量/%	插入点	分布	变异性	功能
SPI-1	39.8	47	*flhA-mutS*	*Salmonella* spp.	保守	T3SS、吸收铁
SPI-2	39.7	44.6	tRNA *valV*	*S. enterica*	保守	T3SS
SPI-3	17.3	47.3	tRNA *selC*	*Salmonella* spp.	易变	吸收 Mg^{2+}
SPI-4	23.4	44.8	(tRNA like)	*Salmonella* spp.	保守	
SPI-5	7.6	43.6	tRNA *serT*	*Salmonella* spp.	易变	T3SS 效应器
SPI-6	59	51.5	tRNA *aspV*	subsp. Ⅰ, parts in Ⅲ B, Ⅳ, Ⅶ		菌毛
SPI-7	133	49.7	tRNA *pheU*	subsp. Ⅰ serovars	不稳定	Vi 抗原、纤毛装配、*sopE*
SPI-8	6.8	38.1	tRNA *pheV*	sv. Typhi		
SPI-9	16.3	56.7	prophage	subsp. Ⅰ serovars		
SPI-10	32.8	46.6	tRNA *leuX*	subsp. Ⅰ serovars		Sef 菌毛
SGI-1	43	48.4	*thdF – yidY*	subsp. Ⅰ serovars	易变	耐药基因
HPI	—	—	tRNA *asnT*(*ychF*)	subspecies Ⅲa, Ⅲb, Ⅳ		高亲和性的吸收铁

★SPI-1

SPI-1 位于染色体63′处,长度约为 40 kb,其上、下游两端分别为 *fhlA* 和 *mutS*,G + C 含量约为 42%,编码至少 29 个基因,分别为 *inv*、*sip*、*spa*、*sic*、*spt*、*iac*、*hil*、*orf* 和 *org* 等。SPI-1 含有 Ⅲ 型分泌系统(T3SS),由 *InvA*、*SpaQ*、*SpaP*、*SpaS*、*SpaR*、*InvG*、*InvB*、*InvC*、*SpaO*、*PrgI*、*PrgJ*、*OrgA* 等组成,所分泌的蛋白受 *HilD*、*InvF*、*HilA*、*inv*/*spa* 等操纵子的调控。SPI-1 编码的 T3SS 与沙门氏菌侵袭力有关(陈冬平和罗薇,2012;Marcus et al,2000;Hensel,2004)。

★SPI-2

SPI-2 位于染色体31′处,为 25 kb 左右的 DNA 片段,G + C 含量约为 43%,上、下游两端分别为 *pyykF* 和 *valV* tRNA,编码 40 多个基因,分为 2 部分:①由 4 个操纵子(*ssa*、*ssc*、*ssr*、*sse*)组成,其中,*ssa* 编码 T3SS 的成分,*ssc* 编码分子伴侣,*sse* 编码分泌性效应蛋白,*ssr* 编码分泌系统的调节子;②含有 5 个 *ttr* 基因(即 *ttrA*、*B*、*C* 和 *ttrR*、*S*)。另外,SPI-2 的作用是使沙门氏菌在巨噬细胞内生存和扩散,并逃避巨噬细胞的杀伤(陈冬平和罗薇,2012;Marcus et al,2000;Hensel,2004)。

★SPI-3

SPI-3 为 17 kb 左右的 DNA 片段,位于染色体 81′处,G + C 含量约为 47.5%;基因 *mgtCB* 所编码的蛋白主要与沙门氏菌在巨噬细胞和低 Mg^{2+} 环境中的生存有关;*MarT* 基因的产物与霍乱菌调控蛋白 ToxR 具有较高的同源性(陈冬平和罗薇,2012;Marcus et al, 2000;Hensel,2004)。

★T3SS

沙门氏菌、大肠杆菌、志贺氏杆菌和霍乱弧菌等含有Ⅲ型分泌系统(T3SS),其作用是使效应蛋白直接从细菌胞内进入宿主细胞,发挥毒力作用或干扰(或破坏)细胞的正常信号通路。在所报道的毒力岛中,沙门氏菌 SPI-1 和 SPI-2 编码的 T3SS 功能明显不同(Marcus et al,2000)。

1.3.3.2 鞭毛

沙门氏菌具有鞭毛,能够运动。沙门氏菌的鞭毛结构分为 3 部分,分别为丝状部、基体部和钩状部(Aizawa,1996)。沙门氏菌鞭毛的合成至少需要 50 个基因进行调控,这些基因被分成 17 个操纵子(见图 1-4)。这些操纵子按照一定的规律调节沙门氏菌鞭毛调节子,使沙门氏菌鞭毛发挥其功能。外界环境影响操纵子的表达进而影响鞭毛的形态结构。这些操纵子分为"早期、中期和晚期"3 个转录类型。鞭毛形成早期,基因 *flhDC* 编码 FlhDC 主调节体系,该调节体系是 σ^{70} 的转录激活因子,σ^{70} 与鞭毛中期基因相关;表达中期鞭毛基因意味着开始装备鞭毛蛋白,*fliA* 为鞭毛中期基因的一种,该基因编码 FliA(σ^{28}),这是后期基因转录必需的;后期基因的作用主要是完成鞭毛的组装及合成丝状部(Bearson et al,2008;Chilcott and Hughes,2000)。

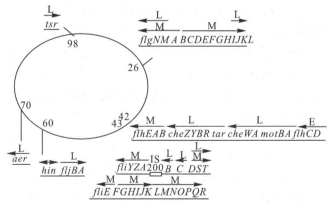

图 1-4 调节沙门氏菌鞭毛的操纵子在染色体上的分布(Chilcott and Hughes,2000)

1.3.3.3 脂多糖

脂多糖是革兰氏阴性菌细胞壁中的一种成分,为脂质和多糖的复合物;该物质对宿主有致病性,被称为"内毒素"。沙门氏菌的脂多糖由核心多糖、O-多糖和类脂 A 3 部分组成。核心多糖和类脂 A 可激活 T 淋巴细胞,具有非特异性;而 O-多糖是由不同的糖组合而成,可激活 B 细胞,具有特异性(闫红霞等,2010)。沙门氏菌脂多糖可引发败血症,导致宿主发热,白细胞数量发生变化,心力衰竭,肾功能减退,肝脏损伤以及休克等(陈冬平和罗薇,2012)。

1.3.4 致病机制

沙门氏菌引起的疾病可分为两类:一类是伤寒和副伤寒;另一类是急性肠胃炎(李庆德等,2010)。沙门氏菌引起的食物中毒主要是由菌体的内毒素所引起的。内毒素主要为脂多糖。沙门氏菌污染的食物被人们食用后,沙门氏菌可经胃部到达肠道,在肠道内定殖并繁殖;在肠道内,沙门氏菌有2条途径可侵入体内:一种是侵袭派伊尔氏结上的滤泡上皮细胞或M细胞,当沙门氏菌黏附细胞后,利用T3SS将效应蛋白运输到宿主细胞,从而诱导宿主细胞发生一系列反应;另外一种是树突状细胞直接摄入沙门氏菌,而肠上皮屏障保持良好的完整性。在机体的肠道内,沙门氏菌裂解后释放出大量的内毒素,刺激肠道黏膜、肠壁及肠壁的神经血管,表现出呕吐、腹痛及腹泻等中毒症状。沙门氏菌经肠系膜淋巴系统进入血液,形成败血症,表现为高热、出汗、乏力(李庆德等,2010;贺奋义,2006;孙雨等,2009)。

沙门氏菌经口摄入所引起的感染其程度主要取决于机体摄入的沙门氏菌数量、菌株的类型及机体的健康状况等。沙门氏菌导致的食物中毒通常发生在5~10月份,发病周期为8~24 h,主要表现为3种类型:胃肠型、伤寒型和败血症(孙雨等,2009)。

1.3.5 群体效应

群体感应是细菌根据自身细胞密度变化进行自我协调的一种群体行为。细菌通过群体感应来感知其周围环境,也通过该系统引起一系列的反应和激活毒性特征;研究表明,细菌的群体效应与生物发光、细菌致病因子分泌、生物膜的形成、运动性和抗药性等有关(张晓兵和府伟灵,2010)。许多细菌产生并释放一种被称为"自诱导物"的信号分子,这些分子被分泌到胞外并在胞外累积,当积累到一定程度后,信号分子与胞浆或细胞膜上的蛋白受体结合,致使有关基因被激活或抑制,从而使细菌形成一种群体行为来有效地抵御环境压力、攻击宿主等(Rutherford and Bassler,2012)。根据信号分子的不同,细菌的群体效应系统主要分为4类。第一类是革兰氏阴性菌的由酰化高丝氨酸内酯(AHLs)介导的QS系统,其信号分子为AHL;不同的阴性菌,其AHL的结构(见图1-5)也有所不同。第二类是革兰氏阳性菌的由自诱导肽(AIP)介导的QS系统,其信号分子为氨基酸或短肽;自诱导肽的结构如图1-6所示。第三类是革兰氏阴性菌和革兰氏阳性菌中都存在的一类信号系统,其信号分子为呋喃硼酸二酯(AI-2);目前,科学家已经阐明AI-2的生物合成途径,而AI-2结构只有哈氏弧菌的被确定(图1-7)。第四类是AI-3介导的QS系统,目前AI-3的信号分子结构尚未阐明,其主要在革兰氏阴性菌中存在(Bai and Rai,2011)。

革兰氏阳性菌群体效应系统的主要信号分子为AIP,AIP在胞内合成,经一系列的加工、修饰后分泌到胞外;当胞外的AIP累积到一定的浓度后,AIP与膜上的AIP信号识别系统结合,使膜上的组胺酸蛋白激酶激活,经过一系列的磷酸化过程,最终使胞内的受体蛋白磷酸化,进而与DNA特定靶位结合,从而使相关基因进行转录表达[图1-8(a)]。在一些特殊情况下,胞外的AIP能够重新地被运输到胞内;在胞内,AIP通过与转录因子相互作用进而影响转录因子的活性,从而使相关基因发挥功能特性[图1-8(b)](Rutherford and Bassler,2012)。

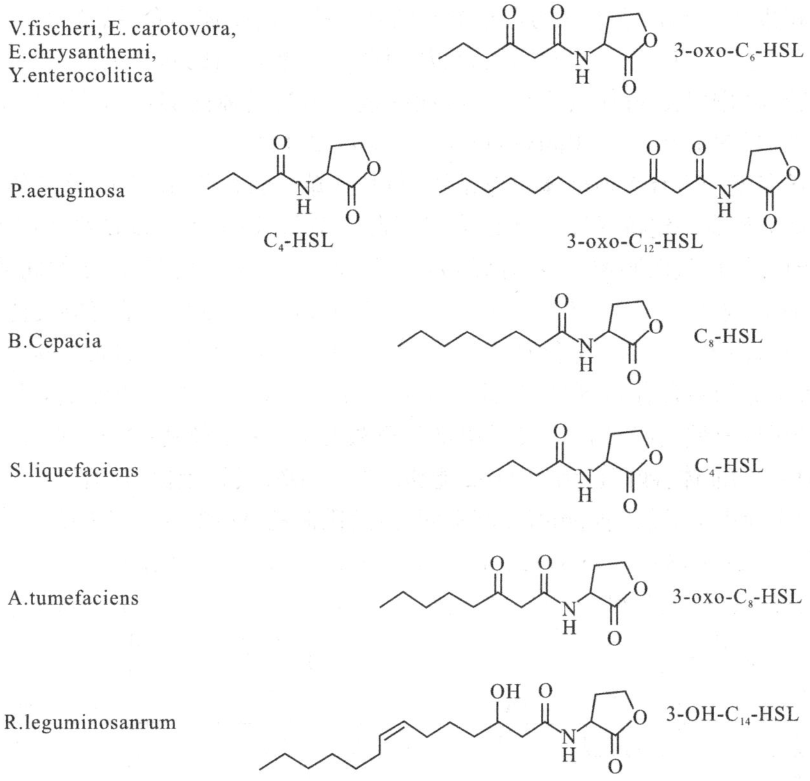

V.fischeri, E. carotovora,
E.chrysanthemi,
Y.enterocolitica
3-oxo-C_6-HSL

P.aeruginosa
C_4-HSL
3-oxo-C_{12}-HSL

B.Cepacia
C_8-HSL

S.liquefaciens
C_4-HSL

A.tumefaciens
3-oxo-C_8-HSL

R.leguminosanrum
3-OH-C_{14}-HSL

图 1-5 革兰氏阴性细菌的 AHL 结构(Suga and Smith,2003)

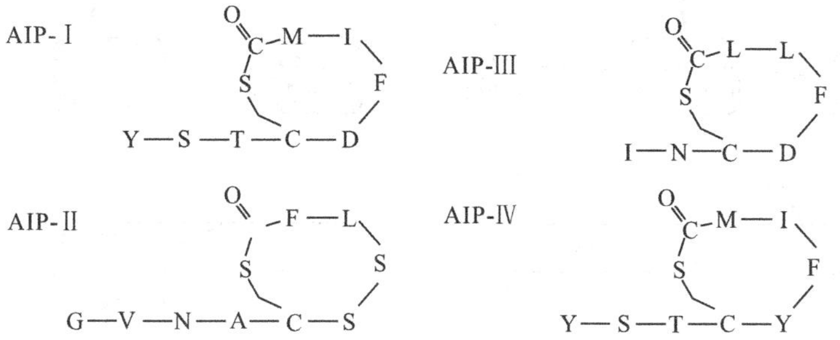

AIP-Ⅰ

AIP-Ⅱ

AIP-Ⅲ

AIP-Ⅳ

图 1-6 革兰氏阳性菌的 AIP 结构(Rutherford and Bassler,2012)

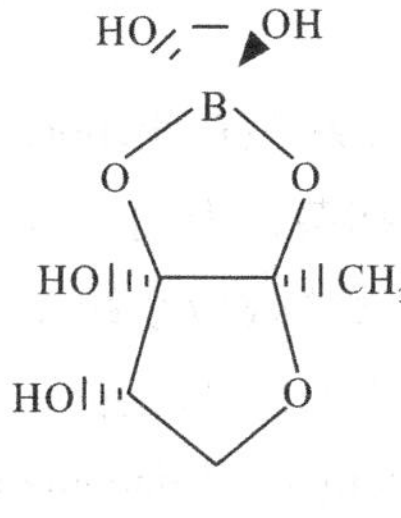

图 1-7 哈氏弧菌的 AIP 结构(Uroz et al,2012)

革兰氏阴性菌的群体效应信号分子为 AHL 或以 S-腺苷甲硫胺酸为基质的物质;这些信号分子在胞内合成,并在胞外累积(该信号分子能够自由的穿越细胞膜)。当胞外的信号分子积累到一定浓度时,信号分子能与细胞内相应的受体结合,结合后,该受体形成特定的构象,进而与 DNA 的靶基因结合,从而调控功能基因的转录表达[图 1-8(c)]。对于一些特殊的阴性菌群体效应系统,组胺酸蛋白激酶受体能够检测信号分子,其功能与阳性菌类似[图 1-8(d)](Rutherford and Bassler,2012)。

沙门氏菌至少含有 3 种群体效应系统,与其他革兰氏阴性菌相比,该菌的群体效应系统在某些方面有一定特异性。通常,革兰氏阴性菌利用 *LuxR - LuxI* 系统产生 AHL,并与 *LuxR* 蛋白结合,从而调控一些基因的表达;但是,沙门氏菌只有 *LuxR* 的同系物 *SdiA*,不含有 *LuxI* 基因,因此,不能产生 AHL;沙门氏菌 *SdiA* 的主要作用是感应其他细菌所分泌的 AHL,并调控一些基因(包括人类补体基因 *rck*)的表达(Walters and Sperandio,2006)。大部分细菌含有 *luxS* 基因,具有 AI-2 活性;*luxS* 是 S-腺苷甲硫氨酸代谢的一种酶,S-腺苷甲硫氨酸最终被代谢成同型半胱氨酸和 4,5-二羟基-2,3-戊二酮(DPD),DPD 为 AI-2 的前体;沙门氏菌的 AI-2 能够调控 *LsrABC* 转运蛋白,且信号分子为呋喃二酯,与其他细菌中常见的呋喃硼酸二酯不同;沙门氏菌的 AI-2 能够与 *LsrB* 蛋白共结晶,*LsrB* 的配体为 2R,4S-2-methyl-2,3,3,4-tetrahydroxytetrahydrofuran,并不是呋喃硼酸二酯,这已经在沙门氏菌和大肠杆菌中得到证实(Walters and Sperandio,2006)。

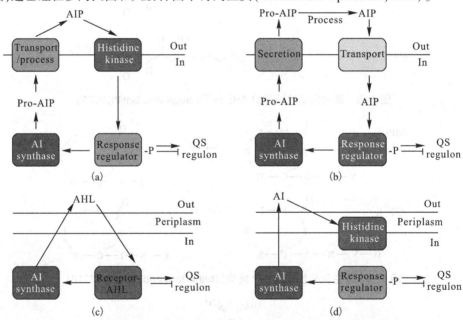

图 1-8 细菌群体效应系统(Rutherford and Bassler,2012)

研究表明,群体效应系统调控致病菌毒力相关基因的表达,并参与对宿主的致病性。以大肠杆菌为例,阐述革兰氏阴性菌群体效应系统是如何调控细菌致病性的。由图 1-9 可知,大肠杆菌以 AI-2 系统控制毒力基因的表达,*luxS* 基因控制大肠杆菌的 AI-2 系统;该分泌系统存在于 LEE(Locus of Enterocyte Effacement)致病岛上。研究表明,LuxS 能够调控肠出血性大肠杆菌毒力基因(400 多种)的表达,其中大部分基因与细菌的运动性、黏附、志贺毒素产生等有关(Antunes et al,2010)。进一步的研究表明,AI-3 为 *luxS* 参与 LEE 表达的信号分子,AI-3 调控毒力基因的过程非常复杂;AI-3 通过激活 qseBC 受体进而影响相关基因的表达,而 QseBC 是一种受 *luxS* 调节的双组分信号系统,QseB 为反应调节体,QseC 为激酶。同时,QseC 也是宿主儿茶酚胺类激素肾上腺素和去甲肾上腺素的受体,说明该信号分子在细菌和真核生物之间存在交叉。除 QseBC 之外,还有多个调节体(如 QseEF,QseAD)参与大肠杆菌毒力基因的调控与表达。这些都证实群体感应在大肠杆菌致病性方面发挥着重要作用。

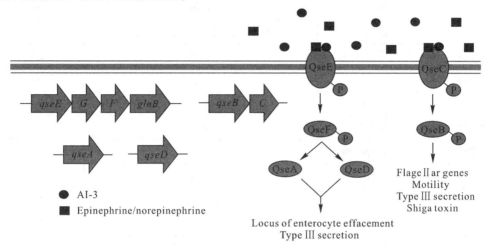

图 1-9　群体效应调控大肠杆菌的致病性(Antunes et al,2010)

1.4 天然活性物质抗菌研究现状

1.4.1 来源、分类及提取

地球上的植物资源极其丰富,已知的植物达到 250 000~500 000 多种,其中 1%~10%的植物被人类或其他动物所食用。这些植物所产生的次级代谢产物非常繁多,据研究表明,一部分次生代谢产物具有明显的抗菌活性,因此植物次生代谢产物是开发植物源抗菌剂或天然源食品防腐剂的物质基础。常见的具有抑菌作用的植物如表1-2所示(Cowan,1999)。

表 1-2　具有抑菌活性的植物

名称	成分	活性[a]	毒性[b]
甜胡椒	丁香酚	一般	2.5
苹果	根皮素、绿原酸	一般	3.0
茄子	Withafarin A	细菌、真菌	0.0
黑胡椒	胡椒碱	真菌、乳酸菌、球菌、大肠杆菌、粪肠球菌	1.0
蓝莓	果糖	大肠杆菌	—
香菜	香豆素	细菌、真菌、病毒	—
蔓越橘	果糖及其他	细菌	—
蚕豆	Fabatin	细菌	—
大蒜	大蒜素、大蒜烯	一般	—

名称	成分	活性[a]	毒性[b]
人参	皂苷	大肠杆菌、孢子丝菌、葡萄球菌、毛癣菌属	2.7
百合	秋水仙素	一般	0.0
柚子皮	萜类	真菌	—
茶	儿茶素	一般、志贺氏菌、弧菌、链球菌、病毒	2.0
啤酒花	蛇麻酮、蛇麻烯	一般	2.3
橄榄油	己醛	一般	
洋葱	大蒜素	细菌、假丝酵母	
橘子皮	萜类	真菌	
木瓜	萜类、有机酸、碱类	一般	3.0
薄荷	薄荷醇	一般	
土豆	—	细菌、真菌	2.0
开胃菜	香芹酚	一般	2.0
蒿菜	咖啡酸、单宁	病毒、寄生虫	2.5
石榴皮	单宁	一般	1

注:[a]"一般"表示对多种微生物具有抑菌作用;"细菌"表示对革兰氏阳性菌和革兰氏阳性菌具有抑菌活性。[b]0 表示安全;3 表示毒性最强。

植物不同,其活性成分(如抗菌成分)在体内的分布部位不同;同种植物不同部位的活性成分含量也存在差异。目前,植物中具有抑菌作用的成分,其结构类型涉及酚类和醛类(简单酚类、酚酸、醌类、黄酮类、单宁类和香豆素类等)、萜类和精油类、生物碱类、凝集素和多肽等化合物。

抑菌活性成分不同,其物理化学性质不同,提取方法也有所差异;常见的提取方法有溶剂萃取法、超声波辅助提取法、微波辅助提取法、超临界流体萃取法和酶法提取等(张涛和王桂清,2011)。这些提取方法相对比较成熟,但是还存在能耗大、效率低、提取方法使用不灵活等问题。植物源的抑菌或杀菌成分较复杂,提取方法不同,从植物中提取所得到的抑菌或杀菌物质的种类及含量也不同;实际生产中应根据活性物质的理化性质和实际的需要,合理选择提取技术和方法;同时,为提高提取率以及物质的纯度,应灵活运用各种提取方法或将多种提取方法联合使用;此外,还需研究最佳的提取工艺,并且不断探索新的提取技术。

1.4.2 天然活性物质对微生物的作用机制

1.4.2.1 天然活性物质对细胞膜的影响

不同的植物提取物能通过多种途径发挥其抑菌的功效(见表 1-3)(Cowan,1999)。许多植物源性的天然抑菌物质如绿原酸、芥末精油、抗菌肽、没食子酸-壳聚糖、香芹酚、富含单宁的石榴皮提取物等对细菌的细胞膜有破坏作用,细胞膜的通透性改变能导致细胞内容物外流,从而胞外离子如钾离子及一些酶类等含量升高;同时膜完整性的改变可能引起膜电势及胞内外 pH 值差的改变及 DNA、RNA 等紫外吸收物质的渗出;膜改变也能引起能量代谢的变化,导致细胞内外 ATP 的含量发生变化(Li et al,2014;Turgis et al,2009;Pag et al,2004;Lee et al,2013;Ultee et al,1999;Li et al,2014)。抗菌物质如茶多酚、苦参等还可以通过影响某些重要蛋白质的合成从而导致细胞死亡(钱丽红等,2010;王关林等,2006)。另外,研究发现某些天然抗菌物质对细菌正常的细胞周期也有影响,例如苦参能使更多的大肠杆菌停留在复制前期,从而阻止细菌进入复制期(王关林等,2006)。

表1-3 植物源抗菌物质的分类及抗菌机制

类别	子类	例子	机制
酚类	简单酚	儿茶酚	剥夺底物
		表儿茶素	破坏细胞膜
	酚酸	肉桂酸	
	醌类	金丝桃素	结合黏附素、与细胞壁组成复合物、使酶失活
	类黄酮	白杨素	结合黏附素、细胞壁组成复合物
	黄酮	Abyssinone	使酶失活、抑制 HIV 反转录酶
	黄酮醇	桃柁酚	
	单宁类	鞣花单宁	结合蛋白、结合黏附素、抑制酶、剥夺底物、细胞壁组成复合物、破坏细胞膜、络合作用
	香豆素	华法林	与真核细胞的 DNA 相互作用
萜类、精油		辣椒素	破坏细胞膜
生物碱		黄连素	插入到细胞壁或 DNA
		胡椒碱	
凝集素和多肽		甘露糖特异性凝集素	阻止病毒融合或吸附

1.4.2.2 天然活性物质对致病性的影响

细菌种类不同,其引起食物中毒或疾病的机制不同。天然活性物质对细菌致病性的影响也不相同。金黄色葡萄球菌是一种重要的食源性致病菌。在我国,每年都有由金黄色葡萄球菌引起的食物中毒事件的报道,据统计,20%~25%的食物中毒是由金黄色葡萄球菌引起的,仅次于弧菌和沙门氏菌(刘秀梅等 2006)。金黄色葡萄球菌的致病力主要取决于其产生的胞外毒素和酶类,主要有溶血素(α、β、γ、δ)、杀死白细胞素、血浆凝固酶、脱氧核糖核酸酶、肠毒素(A、B、C1、C2、C3、D、E 和 F 等)、表皮剥脱毒素和毒性休克综合征毒素等。一些植物源的提取物如木香油、百里香酚、紫苏油、甘草查尔酮 A、杜鹃素、薄荷油、绿原酸等对金黄色葡萄球菌具有抑制作用,并且在亚抑制浓度下,这些物质能够抑制金黄色葡萄球菌毒素基因的表达(*hla*、*sea*、*seb*、*tst* 等)并降低毒素的产生(包括

α溶血素、毒性休克综合征毒素、肠毒素 A 和肠毒素 B）（Qiu et al，2011；Qiu et al，2010；Qiu et al，2011；Qiu et al，2010；Qiu et al，2011；Li et al，2011；Li et al，2014）。另外，邱家章（2012）用分子对接技术模拟了黄芩苷与 α-溶血素分子的结合，并通过荧光淬灭和定点残基突变实验确定了黄芩苷与 α-溶血素的结合位点。

对于肠道致病菌，Inamuco et al（2012）研究表明，亚抑制浓度下，香芹酚能够通过减少鞭毛或胞内 ATP 的产生来抑制沙门氏菌的运动性；同时，香芹酚能够减少沙门氏菌侵入肠上皮细胞，并降低炎症因子（TNF-α、IL-8、IL-6 和 IL-1B）的表达。Upadhyaya et al（2013）通过实时荧光定量 PCR 技术和细胞实验证明香芹酚、百里香酚和丁子香酚能够减少沙门氏菌侵入和黏附鸡的肠上皮细胞，并降低与定植或在巨噬细胞中存活相关的基因的表达。另外，我们实验室研究了富含单宁的石榴皮提取物对单核增生李斯特菌致病性的影响，结果表明，石榴皮提取物能够减少李斯特菌黏附和侵入肠上皮细胞，并减少毒素相关基因（*prfA*、*inlA* 和 *hly*）的表达（Xu et al，2015）。

1.4.2.3 天然活性物质对群体效应的影响

群体效应与致病菌的致病性、生物膜的形成和耐药性等密切相关。研究表明，一些天然产物能够通过干扰金黄色葡萄球菌群体效应相关基因如 *agrA* 的表达进而影响该菌的致病性或生物膜的形成。这些天然产物包括大蒜素、丁香酚、木犀草素、木香油、百里香酚、紫苏油、甘草查尔酮 A、杜鹃素、薄荷油、绿原酸等（Leng et al，2011；Qiu et al，2011；Qiu et al，2010；Qiu et al，2011；Qiu et al，2010；Qiu et al，2011；Li et al，2011；Li et al，2014；Qiu et al，2010；Qiu et al，2011）。

对于假单胞菌，云南白药的水提取物和从橄榄树中得到的鞣花酸衍生物能够降低假单胞菌群体效应基因 *lasR*、*lasI*、*rhlR* 和 *rhlI* 的表达，从而减弱其致病性（Sarabhai et al，2013；Zhao et al，2013）。另外，一些研究者利用报告菌株（如紫色杆菌 CV026、根癌土壤杆菌 A136 和生金假单胞菌）筛选具有抑制群体效应作用的天然产物（尹守亮等，2011）；对于紫色杆菌，群体效应严格调控紫色素的产生，研究表明银耳提取物、香草提取物、钝顶螺旋藻提取物、富含单宁的橄榄树提取物和黑木耳提取物影响紫色杆菌产生紫色素（Zhu et al，2008；Choo et al，2006；Taganna et al，2011；曾惠等，2012；李斌和董明盛，2010），说明这些物质具有抑制群体效应的作用。

1.4.2.4 天然活性物质对生物膜的影响

生物膜是细菌或真菌附着于组织表面（非活体或活体组织），由自身分泌的胞外多聚基质包裹的、有特定结构和功能的菌细胞群体。与浮游菌相比，生物膜内的菌在生理生化特性、形态结构、致病性、对药物的敏感性等方面均有所不同（汪长中，2010）。生物膜是菌细胞在长期进化过程中为适应外界环境而形成的生存方式。生物膜的形成是一个动态的过程，分为 4 个阶段：黏附阶段、发展阶段、成熟阶段及脱落和再植阶段（李晓声和曾焱，2010）。研究表明，一些食源性致病菌能够在食品的表面、食品加工仪器、食品加工的环境和食品包装材料等定植、生长并形成生物膜，这就给消费者带来食物中毒或感染疾病的风险。细菌在食品或食品加工的过程中形成生物膜的过程见图 1-10（Shi and Zhu，2009）。

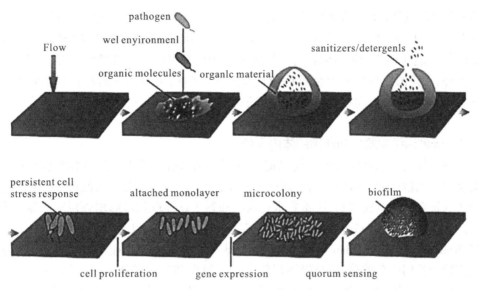

图 1-10　细菌在食品或食品加工环节形成生物膜的过程

生物膜污染的食物被误食后,生物膜内的菌进入体内,进而引起感染或食物中毒。目前,临床上主要用抗生素来治疗致病菌所引起的感染或食物中毒;然而,生物膜状态的菌具有不同程度的耐药性,且所使用的抗生素对人体具有一定的副作用,因此,需要研究新型的抗菌抗生物膜的药物,近年来从植物中筛选具有抗菌抗生物膜活性的物质是研究的热点。

对于金黄色葡萄球菌,槲皮素、单宁酸、香芹酚、银杏酸、茶多酚、柠檬醛、肉桂醛、黄芩苷、柠檬提取物、五倍子水提取物、蔓越橘提取物、银杏叶提取物等在一定程度上能够抑制金黄色葡萄球菌生物膜的形成或对金黄色葡萄球菌生物膜有清除作用(Lee et al,2013;LaPlante et al,2012;Nostro et al,2012;Lee et al,2014;杜仲业等,2012;张文艳等,2012;黄晓敏等,2009;张纬等,2009)。同时,一些研究者对天然活性成分抗生物膜形成的机制进行了探究。王晓红(2012)研究表明,桃柁酚能够抑制金黄色葡萄球菌生物膜的形成,其机制为桃柁酚通过下调 *agr* 和 *sar* 等群体感应基因,进而影响 *icaA* 和 *cidA* 基因的表达,从而抑制 PIA 的合成。Lee et al(2013)证实槲皮素单宁酸能够抑制 *icaA* 和 *icaD* 基因的表达,从而抑制金黄色葡萄球菌生物膜的形成。

对于大肠杆菌,Lee et al(2013)从 498 个植物提取物中筛选具有抑制大肠杆菌 $O_{157}:H_7$ 生物膜形成的成分,发现 16 个植物提取物具有抑制生物膜形成的能力,并且二形鳞薹草的提取物抗生物膜形成的效果最好。Lee et al(2014)证明银杏酸 C15:1(5 μg/mL)、C17:1(5 μg/mL)和银杏叶提取物(100 μg/mL)能够抑制大肠杆菌 $O_{157}:H_7$ 在聚苯乙烯、玻璃和尼龙膜表面形成生物膜;微阵列分析表明,银杏酸 C15:1 能够降低大肠杆菌生物膜形成相关基因的表达。Lee et al(2011)研究表明,蜂蜜能够抑制大肠杆菌 $O_{157}:H_7$ 生物膜的形成,而对大肠杆菌 K-12 介导的生物膜的形成没有影响;同时也证实了蜂蜜的主要功能成分为葡萄糖和果糖。Wojnicz et al(2012)表明植物 *Betula pendula*、*Equisetum arvense*、*Herniaria glabra*、*Galium odoratum*、*Urtica dioica* 和 *Vaccinium vitisidaea* 等的提取物对尿道致病性大肠杆菌生物膜的形成有一定的抑制作用。Carraro et al(2014)研究表明,从橄榄油废弃物中提取的多酚类物质具有抑制大肠杆菌 K-12 生物膜形成的作用,其主要途径是下调生物膜相关基因($csgC$、$YcgR$、$yhjH$、slp 等)的表达。Park et al(2012)用微流体的方法分析了根皮素对大肠杆菌 O_{157}:H_7 生物膜形成的影响,证实根皮素能够抑制 O_{157}:H_7 生物膜的形成。

另外,香芹酚能够抑制由金黄色葡萄球菌和沙门氏菌所介导的复合生物膜的形成(Knowles et al,2005);肉桂精油和肉桂醛能够影响沙门氏菌在不锈钢表面形成生物膜(Piovezan et al,2014)。

1.4.2.5 天然活性物质抗菌作用的体内评价

一些植物的提取物如鱼腥草提取物、广藿香水提取物、猴头菇提取物和稻壳烟雾提取物能够降低沙门氏菌所引起的小鼠的死亡率,减少沙门氏菌对肝脏的破坏;同时,通过细胞实验证明鱼腥草提取物、广藿香水提取物和猴头菇提取物能够增强巨噬细胞吞噬或消除沙门氏菌的能力,从而提高机体的免疫系统(Kim et al,2012 and 2012b;Kim et al,2012;Kim et al,2008)。Choi et al(2011)研究表明石榴皮提取物能够减少沙门氏菌感染小鼠粪便中沙门氏菌的总量,减轻沙门氏菌对小鼠肝和脾的破坏,从而提高小鼠的生存能力。另外,天然产物如糖或寡糖能够通过改变小鼠血液的组成或肠道微生物的组成,从而减轻沙门氏菌对小鼠器官的破坏(Chen et al,2012;Petersen et al,2010)。

1.5 研究目的及意义

沙门氏菌是一种肠道致病菌,进入体内后能够引起系统性感染包括伤寒和副伤寒及胃肠道疾病等。沙门氏菌感染引起的轻微的胃肠道症状一般可以自愈,然而对于较为严重的胃肠道症状和系统性的感染,药物治疗(如氟喹诺酮类和四环素类药物)是目前重要的有效控制感染的手段。然而大量耐药菌株的出现,尤其是一些多重耐药菌株如 DT104 菌株(通常同时耐五种或五种以上的抗生素)在全球的流行,给预防和控制沙门氏菌感染带来诸多困难。因此,探索有效、安全而又不易导致耐药的抗感染物质对预防和控制沙门氏菌等微生物类感染具有特别重要的意义。

由于合成的物质具有潜在的毒性,近年来部分研究者将目光集中到植物来源(尤其是水果、蔬菜和中草药等)的活性物质上。这些植物化学物质在体外研究中被发现具有一定抑制微生物生长的作用,同时由于其多来源于食品,所以一般不具有毒性或毒性非常弱。另外一个重要原因是部分研究发现某些物质在一定浓度下能通过抑制细菌的毒力因素而非抑制细菌生长来达到抗感染的功效。某些植物化学物质仅抑制毒力因子的表达而并不抑制细菌的生长,由于毒力因子的表达对细菌存活并非必需,从而对细菌并不会构成进化上的压力,因而不易产生耐药现象。这与抗生素抗感染的机制有很大区别。鉴于植物类食品中存在大量具有抗菌活性的物质如黄酮类物质、单宁、萜类物质、生物碱等,因而从植物中探索具有抗致病性的活性物质对于控制食源性疾病如沙门氏菌感染和降低耐药菌的出现具有广阔的前景。

石榴皮为石榴的干燥果皮,具有较高的营养价值和药用价值,在传统医药中被用来治疗痢疾、腹泻、寄生虫感染以及呼吸系统感染等疾病。虽然长期以来被广泛使用,但对其中抗感染的主要成分和其抗感染的机制尚不明确。目前,体外研究证实石榴皮提取物具有抑制多种食源性致病菌以及病毒的作用,且其抑菌作用主要归功于其所含的单宁类物质。安石榴苷为石榴皮单宁的主要成分,然而安石榴苷抗菌的作用及体内抗感染的功效及机制罕有研究。因此,本研究首先通过 RT-PCR、ELISA 以及细胞培养等技术手段从直接抑菌、影响毒力基因的表达、干扰细菌群体感应、抗黏附和侵入上皮细胞能力、免疫调节能力等角度对安石榴苷抗沙门氏菌感染的可能机制进行探讨;其次,通过小鼠灌胃感染实验研究安石榴苷抗沙门氏菌感染的具体效应。本研究将为从石榴皮中开发用于预防及控制沙门氏菌疾病的物质或者新型的食品防腐剂提供理论基础。

1.6　研究内容

本研究以安石榴苷为材料,通过体内和体外实验,研究安石榴苷抗沙门氏菌感染的具体效应及机制。主要内容如下:

(1)石榴皮中抑菌活性物质的筛选

从石榴皮中提取具有一定活性的物质,并进行分离纯化;探讨石榴皮提取物、石榴皮纯化物、安石榴苷、鞣花酸和没食子酸对常见的食源性致病菌的抑制作用,从而确定石榴皮中起主要抑菌功能的活性成分。

(2)安石榴苷对沙门氏菌细胞膜的影响

通过抑菌实验,确定安石榴苷对沙门氏菌的最小抑菌浓度。在最小抑菌浓度作用下,探究安石榴苷对沙门氏菌细胞膜通透性(K^+、膜电势和胞内 pH 值)的影响;并通过电镜观察安石榴苷对沙门氏菌细胞形态的影响。

(3)安石榴苷对沙门氏菌运动性及相关基因的影响

通过半固体培养基评价不同浓度的安石榴苷对沙门氏菌运动性的影响;并运用 RT-PCR 技术分析安石榴苷对鞭毛基因如 *fliA*、*fliY*、*fljB* 和 *flhC* 表达的影响。

另外,通过 RT-PCR 技术分析不同浓度的安石榴苷对沙门氏菌 SPI-1 和 SPI-2 毒力岛调控基因(*hilA* 和 *ssrB*)和毒力岛中重要基因(如 *inv*、*spa*、*sip*、*ssa*)表达的影响。

(4)安石榴苷对沙门氏菌群体效应的影响

通过运用 AI-1 报告菌株——紫色杆菌分析安石榴苷是否能通过干扰沙门氏菌的群体感应系统从而影响其致病能力;同时用 RT-PCR 技术分析安石榴苷对该系统中靶基因 *srgE* 和 *lsrA* 表达的影响。

(5)安石榴苷对沙门氏菌黏附和侵入肠上皮细胞的影响

通过构建肠上皮细胞模型,研究安石榴苷是否能通过影响黏附和侵入这两个重要的致病过程从而发挥抗感染的作用。

(6)安石榴苷对巨噬细胞免疫功能的影响

运用 Raw264.7 细胞模型,研究安石榴苷是否能够增强巨噬细胞对沙门氏菌的吞噬作用;同时,对安石榴苷影响沙门氏菌引起的巨噬细胞的炎症反应及凋亡机制进行探究。

(7)安石榴苷体内抗沙门氏菌感染的作用研究

通过小鼠灌胃感染实验,在小鼠存活期内研究安石榴苷对小鼠灌胃感染后的总体健康状况的影响;同时分析粪便及不同脏器(肝、脾、肾、肠)中沙门氏菌的总量;对比分析不同组小鼠脏器(肝、脾、肾、肠)中出现病理学变化的频率和严重程度。最后检测肝、脾、肾、肠、血液中与免疫相关的细胞因子(IL-6、IL-8、IFN-γ 和 TNF-α)的含量。

(8)基于 RNA-seq 技术的安石榴苷对沙门氏菌全基因表达谱的影响

提取总 RNA,并进行 RNA 质量检测;消化核糖体 RNA,构建 RNA 文库,质检合格后,用 Illumina 测序仪进行测序。通过软件对差异基因筛选并进行 GO 和 KEEG 分析。

1.7 技术路线

实验技术路线如图 1-11 所示。

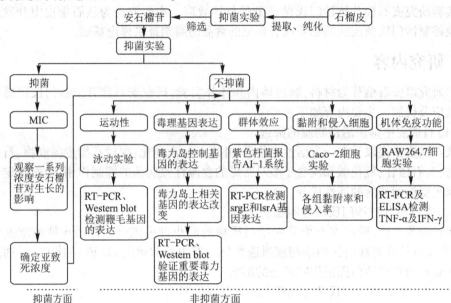

(a) 安石榴苷抗沙门氏菌感染的可能机制

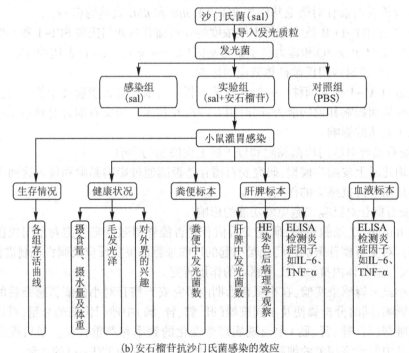

(b) 安石榴苷抗沙门氏菌感染的效应

图 1-11 实验技术路线

第 2 章　石榴皮中抑菌活性物质的筛选

石榴(*punica granatum* L.)为石榴科、石榴属植物,是传统的药食两用植物之一,具有极高的营养价值和药用价值;研究表明,石榴具有涩肠止泻、抗氧化、抗病毒、抗癌等功能(Jurenka,2008;Miguel et al,2010)。目前,国内外对石榴皮抑菌活性的研究主要集中在石榴皮粗提物抑菌方面,而石榴皮中起抑菌作用的主要成分还未见报道(Malviya et al,2014;Finegold et al,2014;董周永等,2008)。因此,本章以食品中常见的致病菌为供试菌,研究石榴皮中主要的成分对致病菌的抑制效果,确定石榴皮中起主要抑菌作用的活性成分,为石榴皮的开发利用奠定理论基础。

2.1　材料与方法

2.1.1　材料

2.1.1.1　主要仪器与设备

主要仪器见表2-1。

表2-1　主要仪器

仪器/设备	型号	生产厂家
细菌培养箱	GHX-9050B-2	上海福玛实验设备有限公司
高压灭菌锅	LMQ.CE	山东新华医疗器械有限公司
天平(十分之一)	SE3001F	奥豪斯仪器(上海)有限公司
天平(万分之一)	Al204	梅特勒-托利多仪器(上海)有限公司
超低温冰箱	Model 902	美国 Thermo 公司
超净工作台	YT-CJ-LND	北京亚泰科隆仪器技术有限公司
分光光度计	Smart Spec™ plus	美国 BIO-RAD 公司
超纯水制造系统	CD-UPTL Ⅱ	成都越纯科技有限公司
高效液相色谱仪	Waters 600E	美国 Waters 公司
旋转蒸发仪	RE-52AA	上海亚荣生化仪器厂
真空冷冻干燥仪	LGJ	北京亚泰科隆仪器技术有限公司

2.1.1.2 主要试剂与耗材

主要试剂见表2-2。

表2-2 主要试剂

试剂	级别	生产厂家
鞣花酸	≥98%	天津一方科技有限公司
安石榴苷	≥98%	成都曼思特生物科技有限公司
没食子酸	≥99.5%	成都曼思特生物科技有限公司
磷酸	色谱级	天津科密欧化学试剂有限公司
乙腈	优级纯	美国Tedia公司
Amberlite XAD-16	—	美国Sigma公司
其他试剂	分析纯	—

2.1.1.3 培养基

蛋白胨缓冲液(BPW)、四硫磺酸盐煌绿增菌液(TTB)、氯化镁孔雀绿肉汤增菌液(RV)、木糖赖氨酸脱氧胆盐琼脂培养基(XLD)、Luria-Bertan(LB)琼脂培养基和Luria-Bertani(LB)肉汤培养基等(北京陆桥技术有限责任公司)XLT$_4$培养基(美国DIFCO公司)。

2.1.1.4 供试菌株

鼠伤寒沙门氏菌SL 1344[由程相朝教授(河南科技大学)惠赠];单核增生李斯特菌CMCC 54004[购于中国医用菌种保藏中心];金黄色葡萄球菌ATCC 25923、大肠杆菌ATCC 25922和沙门氏菌LT2[由崔生辉(中国药品生物制品检定所)博士惠赠];食物源沙门氏菌共9株,分别于2007—2012年,分离自广西、北京、河南和陕西等地零售鸡肉样品。

2.1.1.5 试材

2011年10月,峄城软籽石榴购于陕西省西安市临潼区。果实于当天采摘并运回实验室;剔除裂果和病害果后,用自来水洗净,手工取皮,并置于恒温干燥箱(50 ℃)内;果皮烘干后,用小型粉碎仪粉碎果皮,粉末过60目筛并置于密封袋中,于-20 ℃保存备用。

鸡肉样品分别于2007—2012年从广西、北京、河南和陕西等地采集。

2.1.2 方法

2.1.2.1 石榴皮提取物的制备

提取溶剂为丙酮(浓度为60%),料液比为1∶10,用超声波进行辅助提取(40 ℃,100 W,10 min),用真空泵进行抽滤,分别得到滤渣和滤液;相同的提取条件下,对滤渣进行二次提取,合并提取液;用旋转蒸发仪进行浓缩(50 ℃),得到浓缩液并于4 ℃保存备用。

2.1.2.2 石榴皮提取物的纯化

(1)Amberlite XAD-16预处理:参照朱静等(2010)所报道的方法,步骤如下:①用无水乙醇浸泡大孔吸附树脂(XAD-16)24 h,并用去离子水洗至无醇味;②用3% HCl浸泡大孔吸附树脂(XAD-16)3 h,并用去离子水洗至中性;③用3% NaOH浸泡大孔吸附树脂(XAD-16)3 h,并用去离子水洗至中性;④用3% HCl浸泡大孔吸附树脂(XAD-16)3 h,并用去离子水洗至中性;⑤将大孔吸附树脂(XAD-16)浸泡于无水乙醇中或直接使用。

（2）单宁的纯化：取一定量大孔吸附树脂（XAD-16），用湿法进行装柱（柱长径比为6∶1），装柱的过程中保证无气泡产生；取一定体积的提取物浓缩液进行上样（上样量为200 mL 浓缩液/500 g 树脂）；最后进行洗脱，步骤大致如下：

首先，用水（约 4 L）进行洗脱以除去多余的糖，直至流出液体为澄清；其次，用约800 mL 的甲醇（100%）洗脱，收集洗脱液，于 50 ℃ 旋转蒸发；最后，将浓缩液进行真空冷冻干燥，得到粉末状的纯化物。

2.1.2.3　HPLC 分析

（1）标准品的配制：用精密天平准确称取没食子酸、鞣花酸、安石榴苷各 2 mg，用甲醇溶解，并用容量瓶分别定容至 10 mL，标准储备液（0.2 mg/mL）于 -20 ℃ 保存。上样时，用移液器量取储备液（安石榴苷、没食子酸和鞣花酸）分别为 2.4 mL、0.8 mL 和 0.8 mL，用涡旋仪进行振荡使充分混匀，并用 0.45 μm 的滤膜进行过滤。

（2）样品溶液的配制：精确称取粗提物和纯化物各 2 mg，用甲醇充分溶解并分别定容至 10 mL，用 0.45 μm 滤膜过滤，并于 -20 ℃ 保存备用。

（3）色谱条件：Diamonsil C_{18}（250 mm × 4.6 mm，5 μm）色谱柱，柱温为 30 ℃，紫外检测器，波长 280 nm，流速为 1.0 mL/min，进样量为 10 μL；流动相 A 液为水∶磷酸 = 1∶1 000和 B 液为磷酸∶乙腈 = 1∶1 000，流动相过滤；线性梯度洗脱，其程序为：0 ~ 10 min，5%~40% B；10 ~ 20 min，40%~55% B；20 ~ 25 min，55%~60% B；25 ~ 30 min，60%~90% B；30 ~ 35 min，90%~5% B；35 ~ 45 min，5% B。测定重复 3 次。

2.1.2.4　安石榴苷的制备

安石榴苷来源于石榴皮，其分离、纯化和检测由成都曼思特生物科技有限公司完成。

2.1.2.5　食物源沙门氏菌的分离及鉴定

样品的采集、处理及沙门氏菌的分离和鉴定按照中华人民共和国国家标准 GB 4789.4—2010 的方法进行。

2007—2012 年，从广西、北京、河南和陕西等地采集零售鸡肉样品，样品采集后，将其置于泡沫箱内（含冰袋）运送到实验室（样品采集的详细信息见表 2-3）。

表 2-3　样品采集的时间、地点和种类

地点	种类	时间
陕西西安易初莲花	全鸡	2008 年 4 月
陕西西安好又多超市	全鸡	2007 年 9 月
陕西西安	全鸡	2007 年 9 月
河南农贸/批发市场	鸡肝	2008 年
陕西澄城县华元超市	中装鸡	2010 年 3~5 月
北京顺义区商业大楼	三黄鸡	2010 年 3~5 月
广西垦西农贸市场	三黄鸡	2010 年 12 月
河南农贸/批发市场	鸡脯肉	2008 年
陕西宝鸡家美佳超市	土鸡	2012 年 3 月
陕西杨凌国贸超市	白条鸡	2011 年 5 月

整鸡样品用 400 mL 的 BPW(无菌)充分洗涤,然后将液体转移至无菌三角瓶;体积较小的样品混匀后称取 25 g,转移至 50 mL 无菌的离心管中,并加入 225 mL 无菌的 BPW,振荡混匀。含菌或加有样品的 BPW 于摇床上(37 ℃,100 r/min)培养 6 h,分别取 10 mL 或 1 mL 增菌液转入 100 mL 无菌的 TTB 和 RV 肉汤中,并于 42 ℃振荡培养 24 h;然后,取适量的增菌液接种到 XLT$_4$ 和 XLD 培养基上,37 ℃培养 24~48 h;最后,从 XLT$_4$ 和 XLD 平板上挑取疑似沙门氏菌菌落 1~2 个,并进一步的纯化,纯化后用 25% LB-甘油保存于 -80 ℃冰箱。按照国标方法对沙门氏菌疑似菌落进行生化试验鉴定,并用 PCR 方法进一步的确认。

PCR 鉴定方法如下:

首先,在 LB 平板上接种沙门氏菌,37 ℃培养过夜;用无菌棉签擦拭适量的菌落,并将其洗剂于无菌生理盐水中(麦氏浊度为 0.5);然后,取 800 μL 于 1.5 mL 的无菌离心管中,100 ℃加热煮沸 10 min;最后,离心(13 200 r/min)5 min,并将上清液转移至无菌的离心管中,-20 ℃保存备用。

以沙门氏菌侵袭蛋白 A(*InvA*)基因为扩增对象,引物 *InvA* 为:

F:5′-TATTGTTGATTAATGAGATCCG-3′;

R:5′-ATATTACGCACGGAAACACGTT-3′;

PCR 反应体系和反应条件依据杨保伟(2010)的报道。沙门氏菌 LT2 为 PCR 鉴定沙门氏菌的阳性对照菌。

2.1.2.6 药敏性试验

用美国临床实验室标准化委员会(CLSI)推荐的琼脂稀释法对所分离的沙门氏菌进行药敏性实验。抗生素包括氨苄西林(Ampicillin,AMP)、阿莫西林/克拉维酸(Amoxicillin/clavulanic acid,AMC)、头孢噻呋(Ceftiofur,TIO)、头孢曲松钠(Ceftriaxone Sodium,CRO)、头孢西丁(Cefoxitin,FOX)、头孢哌酮(Cefoperazone,Cefo)、庆大霉素(Gentamicin,GEN)、卡那霉素(Kanamycin,KAN)、萘啶酸(Nalidixic acid,NAL)、阿米卡星(Amikacin,AMK)、链霉素(Streptomycin,STR)、四环素(Tetracycline,TCY)、甲氧苄啶/磺胺甲恶唑(Trimethoprim/sulfamethoxazole,TMP/SMZ)、磺胺甲噁唑(Sulfamethoxazole)、甲氧苄啶(Trimethoprim,TMP)、氯霉素(Chloramphenicol,CHL)。详细步骤参照杨保伟(2010)和席美丽(2009)等的报道。

2.1.2.7 沙门氏菌的血清型

诊断用的血清购于宁波天润生物药业有限公司和泰国 S&A 公司。详细步骤参照杨保伟(2010)的报道。

2.1.2.8 菌液的制备

将用 LB 肉汤-甘油(25%)于 -80 ℃保存的沙门氏菌接种于 LB 琼脂培养基上,在 37 ℃培养 12 h;然后,从平板上挑取 1~3 个菌落接种于 15 mL 无菌的 LB 肉汤中,37 ℃培养 10 h。

2.1.2.9 最小抑菌浓度

(1)采用琼脂稀释法:LB 固体培养基高压灭菌后冷却至 50 ℃左右,然后分别向培养基中加入石榴皮提取物,终浓度分别为 10、5、2.5、1.25、0.625、0.312、0.156、0.078 mg/mL,待冷却凝固后,用移液枪在琼脂表面滴加 2 μL 菌悬液($OD_{600\ nm}$ = 0.5),待干燥后将平板置于 37 ℃恒温培养箱中倒置培养 24 h,观察细菌生长情况。以不加提取物的平板为阳性对照。

确定无菌生长的最低稀释浓度为提取物的最小抑菌浓度。实验 2 个平行,重复 2 次。

(2)肉汤稀释法:首先,用无菌的 LB 肉汤将上述培养的菌液稀释成 $OD_{600\,nm}=0.1$;然后,分别取 200 μL 菌悬液加入 96 孔板中;其次,采用 2 倍稀释法将石榴皮提取物用 LB 肉汤稀释至一系列浓度;然后,分别取 50 μL 并添加至含有菌悬液的 96 孔板中。混匀后于 37 ℃培养 12 h。肉眼观察肉汤是否浑浊来判断是否有微生物生长。无菌生长的孔所对应的浓度即为 MIC 值。每个浓度 5 个重复孔,重复 2 次。

2.2　结果与分析

2.2.1　石榴皮粗提物及纯化物的成分及含量

由图 2-1(a)可知,在 2.1.2.3 所设定的条件下,混合标样中含有的标准品(没食子酸、安石榴苷 α 和 β 及鞣花酸)得到良好的分离;其中,峰 1 为没食子酸,峰 2 和 3 为安石榴苷 α 和 β,峰 4 为鞣花酸,安石榴苷 α 和安石榴苷 β 为同分异构体。

利用上述已确定的色谱条件对石榴皮粗提物和纯化物中多酚的含量进行测定,并根据混合标样中峰的保留时间,按照标品所对应的标样方程,确定粗提物和纯化物中多酚的种类和含量。由结果可知,石榴皮粗提物中没食子酸的质量分数(下同)为 0.1%,安石榴苷(含 α 和 β 同分异构体)为 12.3%,鞣花酸为 0.7%;大孔吸附树脂(Amberlite XAD-16)纯化后,样品中安石榴苷为 64.2%,鞣花酸为 2.1%,未检出没食子酸;说明石榴皮纯化物以单宁类物质为主。

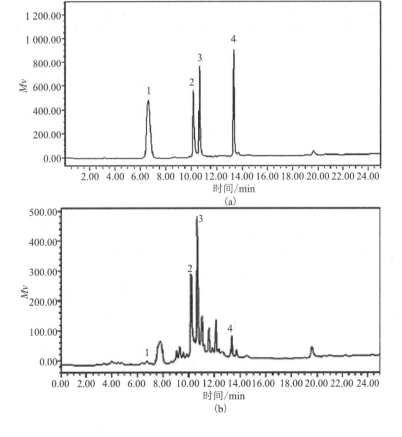

(a)

(b)

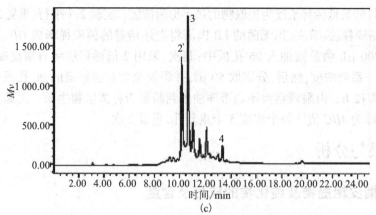

图 2-1 标准品(a)、粗提物(b)及纯化物(c)液相色谱图

注:1—没食子酸,2—安石榴苷 α,3—安石榴苷 β,4—鞣花酸

2.2.2 沙门氏菌的耐药性

根据 CLSI(2012)的方法,我们对从食品中分离得到的 9 株沙门氏菌进行耐药性检测,结果见表 2-4。可知,从食品中所获得的 9 株沙门氏菌对 15 种抗生素表现出不同的耐药性,展现出不同的耐药谱。

表 2-4 从食品中分离的沙门氏菌的耐药性

	沙门氏菌								
	S8XC004c	S9xc008b	S9xc0041	44-1	76D	546D	1087R	59-1	60505-10cTT
AMP(≥32)	+	+	+	+	+	+	+	−	+
AMC(≥32/16)	+	+	+	+	+	+	+	−	+
TIO(R≥16)	−	−	−	−	+	−	−	−	−
CRO(R≥4)	+	−	−	−	+	−	−	−	−
FOX(≥32)	−	−	−	−	−	−	−	−	+
Cefo(≥64)	−	−	−	+	+	−	−	−	−
GEN(≥16)	+	+	+	+	+	+	−	−	−
NAL(≥32)	+	+	+	+	+	+	+	+	+
KAN(≥64)	+	+	−	+	+	+	−	−	−
AMK(≥64)	+	−	−	−	−	−	−	−	−
STR(≥64)	+	−	+	+	+	+	+	−	−
TCY(≥16)	+	+	+	+	+	+	−	−	−
TMP(≥16)	+	+	+	−	−	−	−	−	−
TMP/SMZ(≥8/152)	+	+	+	+	+	+	−	+	−
CHL(≥32)	+	−	+	+	+	−	−	−	+

注:+表示耐药;−表示不耐药。

2.2.3　安石榴苷的成分及含量

实验所使用的安石榴苷标品(由成都曼思特生物科技有限公司提供,从石榴皮中提取)的成分及含量如图 2-2 所示。可知,标品中安石榴苷 α 的含量为 39.63%,安石榴苷β 的含量为 58.50%,安石榴苷的总含量为 98.13%。

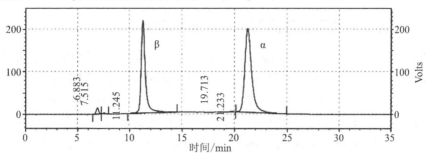

图 2-2　安石榴苷的高效液相色谱图

2.2.4　石榴皮中抑菌活性物质的筛选

以金黄色葡萄球菌 ATCC 25923、沙门氏菌 SL 1344 和李斯特菌 CMCC 54004 为受试菌,探究石榴皮粗提物、石榴皮纯化物及石榴皮中主要的活性物质(安石榴苷、鞣花酸和没食子酸)对这 3 种致病菌的抑制作用,结果见表 2-5。

表 2-5　石榴皮中不同的活性物质对食源性致病菌的抑制作用

类型	受试菌	不同浓度(mg/mL)下细菌生长情况[a]						
		10	5	2.5	1.25	0.625	0.3125	0
石榴皮粗提物	CMCC54004	−	+	+	+	+	+	+
	SL1344	−	+	+	+	+	+	+
	ATCC 25923	−	−	−	−	−	−	+
石榴皮纯化物	CMCC54004	−	−	+	+	+	+	+
	SL1344	−	−	−	+	+	+	+
	ATCC 25923	−	−	−	−	−	−	+
安石榴苷	CMCC54004	−	−	−	+	+	+	+
	SL1344	−	−	−	−	−	+	+
	ATCC 25923	−	−	−	−	−	−	+
鞣花酸	CMCC54004	+	+	+	+	+	+	+
	SL1344	+	+	+	+	+	+	+
	ATCC 25923	−	−	+	+	+	+	+
没食子酸	CMCC54004	−	−	−	+	+	+	+
	SL1344	−	−	−	+	+	+	+
	ATCC 25923	−	−	−	−	+	+	+

注:"−"表示无细菌生长,"+"表示有细菌生长;[a]琼脂稀释法。

由表 2-5 可知,石榴皮粗提物、石榴皮纯化物和石榴皮中主要的活性物质(安石榴苷、鞣花酸和没食子酸)对这 3 种常见的食源性致病菌具有一定的抑菌作用;这 5 种物质对受试菌的抑菌效果为安石榴苷>没食子酸>石榴皮纯化物>石榴皮粗提物>鞣花酸;对于安石榴苷,其对致病菌的抑菌效果为金黄色葡萄球菌>沙门氏菌>李斯特菌。石榴皮中主要的活性物质为安石榴苷、鞣花酸和没食子酸,安石榴苷的含量远高于鞣花酸和没食子酸,因此可以推测安石榴苷是石榴皮中起主要抑菌作用的活性成分。

2.2.5 安石榴苷对食源性致病菌的最小抑菌浓度

安石榴苷对沙门氏菌(不同来源、不同耐药性和不同血清型)、大肠杆菌、金黄色葡萄球菌和单核增生李斯特菌的 MIC 见表 2-6。可知,安石榴苷对不同来源、耐药性及血清型的沙门氏菌具有不同程度的抑制作用,其 MIC 为 250 ~ 1 000 μg/mL,安石榴苷对 SL1344 的 MIC 为 500 μg/mL。另外,安石榴苷对金黄色葡萄球菌、李斯特菌和大肠杆菌的 MIC 分别为 250 μg/mL、2 500 μg/mL 和 10 000 μg/mL;金黄色葡萄球菌对安石榴苷最敏感,其次为沙门氏菌、李斯特菌,而大肠杆菌对安石榴苷的敏感性较差。

表 2-6 安石榴苷对食源性致病菌的最小抑菌浓度

类型	编号	血清型	最小抑菌浓度/(μg/mL)
沙门氏菌	S8XC004c	*Shubra*	500[a]
	S9XC008b	*Entertidis*	250[a]
	S9XC0041	*Typhimurium*	1 000[a]
	44-1	*Indina*	500[a]
	76D	*Indiana*	1 000[a]
	546D	*Shubra*	1 000[a]
	1087R	*Ball*	1 000[a]
	59-1	*Infantis*	1 000[a]
	60505-10cTT	*Thompson*	1 000[a]
	SL1344	*Typhimurium*	500[a]
李斯特菌	CMCC54004	1/2a	2 500[b]
大肠杆菌	ATCC25922	—	10 000[b]
金黄色葡萄球菌	ATCC25923	—	250[b]

注:[a]肉汤稀释法确定 MIC;[b]琼脂稀释法确定 MIC。

2.3 讨论

石榴皮为石榴的干燥果皮,含有多种生理活性物质,主要包括鞣质类、黄酮类、有机酸类、生物碱类等(BenNasr et al,1996;Fischer et al,2011)。研究表明,石榴皮对葡萄球菌、鼠伤寒杆菌、阴沟肠杆菌、粪肠球菌、志贺痢疾杆菌和变形杆菌具有抑制作用,$MICs$ 的范围为 0.35~12.5 mg/mL(万春鹏等,2013;陆雪莹等,2012)。石榴皮中的化合物种类繁多、结构复杂。目前,石榴皮中哪种成分抑菌活性最高还未见报道。研究表明,石榴皮的抑菌作用与其所含的单宁类成分有关。杨林等(2007)研究表明,石榴皮鞣质对沙门氏菌、大肠杆菌、福氏痢疾杆菌、金黄色葡萄球菌、绿脓杆菌和白色念珠菌的抑菌活性优于黄酮的抑菌效果。石榴皮中单宁成分以安石榴苷为主,安石榴苷为水解单宁的一类,具有较强的生理活性如抗炎、抗氧化、保肝和抑菌等(杨筱静等,2013)。本研究表明,安石榴苷为石榴皮中抑菌活性最高的成分,对金黄色葡萄球菌、沙门氏菌、李斯特菌等具有抑制作用,其 MIC 分别为 250、500、2 500 μg/mL;金黄色葡萄球菌对安石榴苷的敏感性最强;另外,安石榴苷对不同来源、不同耐药性和不同血清型的沙门氏菌具有不同程度的抑制作用,其 MIC 为 250~1 000 μg/mL。这与 Taguri(2004)等的结论一致。Taguri(2004)等研究表明,安石榴苷具有抑菌作用,对金黄色葡萄球菌的 MIC 平均为(161±43)μg/mL,对沙门氏菌的 MIC 平均为(728±84)μg/mL,对大肠杆菌的 MIC 平均为(1 823±761)μg/mL和对大肠杆菌的 MIC 平均为(71±24)μg/mL。

目前,食品企业普遍采用化学防腐剂来延长食品的货架期。但是,随着人们生活水平的提高,消费者对食品的方便性、快捷性、安全性和营养性提出了更高的要求。化学防腐剂由于潜在的毒性(致癌、致畸和致突变作用)而日益受到质疑。因此,从植物中提取抑菌活性物质并制成食品防腐剂成为当前的研究热点。研究表明,石榴皮提取物可用于果蔬、油类和肉类等食品的保鲜。石榴皮提取物能够延长草莓、酱油、向日葵油和鸡肉等食物的保鲜期或保质期(张立华等,2010;邵伟等,2006;Iqbal et al,2008;Naveena et al,2008)。

2.4　小结

(1)安石榴苷是石榴皮中起主要抑菌功能的活性成分,其抑菌效果优于鞣花酸和没食子酸;安石榴苷对金黄色葡萄球菌 ATCC25923、沙门氏菌 SL1344、李斯特菌 CMCC54004 和大肠杆菌 ATCC25922 等菌的最小抑菌浓度(MIC)分别为 250、500、2 500、10 000 μg/mL。

(2)安石榴苷对不同食品来源(不同的耐药性及血清型)的沙门氏菌具有抑制作用,其 MIC 为 250~1 000 μg/mL。

第 3 章　安石榴苷对沙门氏菌细胞膜的影响

安石榴苷属于水解性单宁,是石榴皮中主要的活性成分,具有多种生理活性如抗氧化、抗炎、抗癌、保肝和抑菌等(Wang et al,2013;Yang et al,2012;Lin et al,2001;Seeram et al,2005)。研究表明,安石榴苷对多种食源性致病菌(大肠杆菌、金黄色葡萄球菌、沙门氏菌和弧菌)具有抑制作用,其 *MIC* 的范围为45~3 200 μg/mL(Taguri et al,2004);但是,安石榴苷对沙门氏菌的抑菌机制还未见报道。因此,本章通过研究安石榴苷对沙门氏菌细胞膜及细胞形态的影响,确定安石榴苷的抗菌机制,为开发新型、安全的绿色食品防腐剂提供理论基础。

3.1　材料与方法

3.1.1　材料

3.1.1.1　主要仪器与设备
主要仪器见表3-1。

表3-1　主要仪器

仪器/设备	型号	生产厂家
酶标仪	Model 680	美国 BIO-RAD 公司
多功能酶标仪	M200pr	瑞士 TECAN 公司
扫描电镜	S-4800	日本日立公司
-20 ℃冰箱	BCD-210DX	中国海尔集团
4 ℃冰箱	YC-260L	中科美菱低温科技有限责任公司
分光光度计	Smart Spec™ plus	美国 BIO-RAD 公司
原子吸收分光光度计	ZL-5100	美国 PE 公司
离心机	5804R	德国 Eppendorf 公司
其他	同 2.1.1.1	

3.1.1.2　主要试剂
安石榴苷(纯度≥98%)(成都曼思特生物科技有限公司);DIBAC4(3)(美国 Sigma 公司);CFDASE(美国 Invitrogen Molecular Probes 公司);尼日利亚菌素(南京生利德生物科技有限公司);缬氨霉素(美国 Sigma 公司);DMSO(天津市天力化学试剂有限公司);HEPES(美国 MP Biomedicals 公司);其他试剂均为分析纯。

3.1.1.3　培养基
LB 琼脂培养基和 LB 肉汤培养基(北京陆桥技术有限责任公司)。

3.1.1.4　主要溶液的配置

（1）生理盐水(0.9% NaCl)：准确称取 NaCl 9.0 g,并溶于去离子水中,定容至 1 000 mL,高压灭菌,4 ℃保存备用。

（2）磷酸缓冲液(PBS)：准确称取 NaCl 8 g,KCl 0.2 g,$Na_2HPO_4 \cdot 12H_2O$ 3.63 g,K_2HPO_4 0.24 g,溶于去离子水,定容至 1 000 mL,高压灭菌后 4 ℃保存备用。

（3）HEPES 缓冲液(0.05 mol/L)：HEPES 11.9 g,NaCl 17.5 g,$Na_2HPO_4 \cdot 12H_2O$ 0.325 g,EDTA 12.06 g,葡聚糖 2.5 g,溶于去离子水(800 mL),用 NaOH 或 HCl 调 pH 为 8.0,定容至 1 000 mL,高压灭菌后 4 ℃保存备用。

（4）K_2HPO_4 缓冲液(0.05 mol/L)：K_2HPO_4 6.8 g,$MgCl_2$ 0.95 g,溶于去离子水(800 mL),用 NaOH 或 HCl 调 pH 至 7.0,定容至 1 000 mL,高压灭菌后 4 ℃保存备用。

（5）葡萄糖溶液(10 mmol/L)：葡萄糖 0.180 g,定容至 1 000 mL,用 0.22 μm 滤膜过滤后 4 ℃保存备用。

（6）pH_{in} 标准曲线母液：甘氨酸 3.75 g,柠檬酸 9.60 g,$Na_2HPO_4 \cdot 12H_2O$ 31.70 g,KCl 3.725 g,定容至 1 000 mL,高压灭菌后 4 ℃保存备用。

（7）LB 肉汤：称取 25.0 g 于 1 L 蒸馏水中,加热煮沸至完全溶解,121 ℃高压灭菌 15 min 备用。

（8）LB 琼脂：称取 40.0 g 于 1 L 蒸馏水中,混匀并完全溶解,121 ℃高压灭菌 15 min,冷却至 45 ℃左右,摇匀,倾注平板。

3.1.1.5　标准菌株

鼠伤寒沙门氏菌 SL1344。

3.1.2　方法

3.1.2.1　菌液的制备

将用 LB 肉汤-甘油(25%)于-80 ℃保存的沙门氏菌接种于 LB 琼脂培养基上,在 37 ℃培养 12 h;然后,从平板上挑取 1~3 个菌落接种于 15 mL 无菌的 LB 肉汤中,37 ℃培养 10 h。

3.1.2.2　生长曲线

采用倍比稀释法。用无菌的 LB 肉汤将上述培养的菌液稀释成 $OD_{600 \text{ nm}} = 0.2$,分别取菌悬液 125 μL 加入到 96 孔板中。用 LB 肉汤将安石榴苷稀释至一系列浓度,再分别取各浓度的安石榴苷溶液 125 μL 并添加至含有菌悬液的 96 孔板中,安石榴苷的最终浓度分别为 1/64*MIC*、1/32*MIC*、1/16*MIC*、1/8*MIC*、1/4*MIC*、1/2*MIC* 和 0(CK)。每个浓度 5 个重复孔。混匀后于 37 ℃培养。分别于 1、2、3、4、5、6、7、8、9、10、11、12 h 用酶标仪测定各孔在 600 nm 处的吸光度值。

3.1.2.3　钾离子

取 3.1.2.1 培养的菌液 20 mL 于 12 000 r/min 离心 5 min,弃上清;然后用 PBS 洗涤菌体 3 次;最后用 PBS 调至 $OD_{600 \text{ nm}} = 0.5$。

取上述的菌液 1 mL 与安石榴苷溶液等体积混合,使安石榴苷最终浓度分别为 0、2*MIC* 和 4*MIC*,用无菌的 PBS 代替安石榴苷作为对照组;在 37 ℃、150 r/min 下分别培养 0、30、60、90 min,然后用 0.22 μm 的滤膜过滤,滤液保存于-80 ℃。用原子吸收分光光度计测定滤液中钾离子（K⁺）含量,并以不同浓度的 KCl 溶液为标准曲线。

3.1.2.4 膜电势

取 3.1.2.1 培养的菌液 20 mL 于 12 000 r/min 离心 5 min,弃上清,然后用生理盐水洗涤 3 次,最后用生理盐水调至 $OD_{600 \, nm} = 0.5$。

取 3 mL 菌液,分别加入 1 μL 细胞膜电势荧光探针 DiBAC4(3)(5 μmol/L)和不同浓度的安石榴苷溶液,使安石榴苷的终浓度分别为 4MIC、2MIC 和 0(CK),室温孵育 5 min;然后用多功能酶标仪测定各处理组的荧光强度,其激发和散发波长分别为 492 nm 和 515 nm。

3.1.2.5 pHᵢₙ

加载荧光探针:取上述培养的菌液 20 mL,离心(12 000 r/min)5 min;用 HEPES 缓冲液(50 mmol/L,pH 8,含 5 mmol/L EDTA)洗涤 2 次,用 10 mL HEPES 悬浮。向悬浮液中加入 1.0 mmol/L cFDASE(终浓度为 1 μmol/L),并在 37 ℃孵育 10 min。用磷酸钾缓冲液(pH=7,含 10 mmol/L MgCl₂)洗涤 2 次并悬浮。为除去没有聚合的 cFSE,向悬浮液中加入葡聚糖(终浓度为 10 mmol/L),并在 37 ℃孵育 30 min,离心,并用 50 mmol/L 磷酸盐缓冲液(pH=7)洗涤 2 次并悬浮,置于冰上待用。

cFSE 的流出:分别取上述的悬浮液 1 mL,并分别加入不同浓度的安石榴苷溶液(4 mL),使安石榴苷的最终浓度为 4MIC、2MIC 和 0;37 ℃培养 5 min;取液体 200 μL 加入黑色酶标板中,并用多功能酶标仪测定荧光强度(激发和散发波长分别为 490 nm 和 520 nm)。

校正曲线:分别用 NaOH 或者 HCl 将缓冲母液调 pH 分别为 4、5、6、7、8、9 和 10;然后,取载入荧光探针的菌液 1 mL 并加入 3.8 mL 的缓冲液体;同时,加入 100 μL 的缬氨霉素(终浓度为 1 μmol/L)和 100 μL 尼日利亚菌素(终浓度为 1 μmol/L)平衡胞内外 pH;最后用多功能酶标仪测定荧光强度,其激发和散发波长分别为 490 nm 和 520 nm。

3.1.2.6 扫描电镜

将沙门氏菌培养至对数期,取 20 mL 12 000 r/min 离心 5 min;然后用无菌的生理盐水洗涤 3 次,并用生理盐水调节菌体吸光度 $OD_{600 \, nm}$ 为 0.5(约为 10⁸ CFU/mL),即为沙门氏菌细胞菌悬液。取上述的沙门氏菌细胞菌悬液,加入不同浓度的安石榴苷溶液,使其终浓度分别为 4MIC、2MIC 和 0;在 37 ℃孵育 1 h;将不同处理组培养的沙门氏菌菌液离心(12 000 r/min)5 min,弃上清,收集菌体;在 4 ℃用 2.5%戊二醛对菌体进行固定;12 h 后涂片,并将标本置于通风橱内自然风干;将风干后的标本置于高真空蒸发器中;然后喷金镀膜,用扫描电镜观察不同处理组细胞的形态结构并拍照。

3.1.3 数据处理与分析

试验重复 3 次。用 DPS 7.05 统计软件处理数据,结果以平均值±标准差表示;用 Duncan 新复极差法进行差异性分析,P<0.05 表示显著性差异,P<0.01 表示极显著性差异。

3.2 结果与分析

3.2.1 安石榴苷对沙门氏菌生长曲线的影响

由图 3-1 可知,浓度为 MIC~1/8MIC 的安石榴苷对沙门氏菌的生长曲线具有一定的抑制作用;当浓度为 1/16MIC ~ 1/64MIC 时,安石榴苷对沙门氏菌的生长曲线无显著的影响。当不同浓度的安石榴苷(MIC、1/2MIC、1/4MIC 和 1/8MIC)作用于沙门氏菌 12 h 时,其培养基在 600 nm 的吸光度(OD)分别是对照组的 33.72%、46.73%、50.00%和 59.62%。

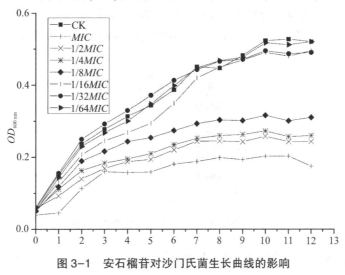

图 3-1　安石榴苷对沙门氏菌生长曲线的影响

3.2.2　安石榴苷对沙门氏菌释放 K⁺ 的影响

由图 3-2 可知,因安石榴苷的作用,沙门氏菌胞内的 K⁺ 释放到胞外,在 0 ~ 90 min 内,各处理组胞外 K⁺ 的浓度是逐渐升高的。在 30 min,2MIC 和 4MIC 处理组胞外 K⁺ 的浓度分别是对照组的 85.60%和 112.12%,经差异性分析,4MIC 处理组与对照组有极显著差异($P<0.05$),而 2MIC 处理组与对照组无显著差异($P≥0.05$);在 60 min,2MIC 和 4MIC 处理组胞外 K⁺ 的浓度分别是对照的 109.07%和 154.30%,经差异性分析,2MIC 和 4MIC 处理组分别与对照组有极显著差异($P<0.01$);在 90 min,2MIC 和 4MIC 处理组胞外 K⁺ 的浓度分别是对照组的 111.56%和 158.46%,经差异性分析,2MIC 和 4MIC 处理组分别与对照组有极显著差异($P<0.01$)。

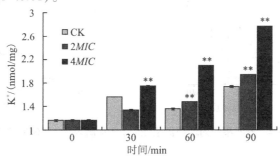

图 3-2　安石榴苷对沙门氏菌释放 K⁺ 的影响

3.2.3　安石榴苷对沙门氏菌膜电势的影响

DIBAC4(3)是一种细胞膜电位敏感、亲脂性阴离子荧光染料,本身无荧光,进入细胞与胞浆内的蛋白质结合后才能有荧光的产生;DIBAC4(3)进入细胞,细胞内荧光强度增加(即膜电位增加)表示细胞去极化;反之,细胞内荧光强度降低(即膜电位降低)表示细胞超极化。由图 3-3 可知,对照组的相对荧光强度为-4 412.33;安石榴苷作用后,2*MIC* 和 4*MIC* 组的相对荧光强度分别为-1 600.33 和-300.78,分别与对照组有极显著差异($P<$ 0.01);与对照相比,安石榴苷处理组的荧光强度是增加的,说明,安石榴苷使沙门氏菌细胞膜发生去极化现象。

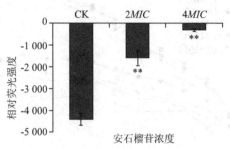

图 3-3　安石榴苷对沙门氏菌膜电势的影响

3.2.4　安石榴苷对沙门氏菌 pH$_{in}$ 的影响

CFDASE 可以通透细胞膜,进入细胞后可以被细胞内的酯酶(esterase)催化分解成 CFSE,CFSE 可以偶发性地并不可逆地和细胞内蛋白的 Lysine 残基或其他氨基发生结合反应,并标记这些蛋白,显示蓝色荧光。由图 3-4 可知,沙门氏菌胞内正常 pH 为 5.74,当安石榴苷作用 5 min 后,沙门氏菌胞内 pH 显著升高,分别为 6.96(2*MIC*)和 9.72(4*MIC*)。实验中所用到的缓冲液 pH 为 7.0,为正常的胞外 pH 值,对照组胞内外 pH 值差(pH$_{in}$-pH$_{out}$)为-1.26;安石榴苷处理后,沙门氏菌胞内外 pH 值差升高,分别为-0.04(2*MIC*)和 2.72(4*MIC*);经差异性分析,安石榴苷(2*MIC* 和 4*MIC*)处理组与对照组有极显著差异(P <0.01)。说明,安石榴苷能够改变沙门氏菌胞内外 pH 值差。

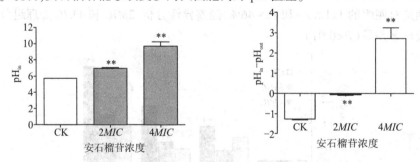

图 3-4　安石榴苷对沙门氏菌胞内 pH 和胞内外 pH 值差的影响

3.2.5　安石榴苷对沙门氏菌细胞形态的影响

安石榴苷对沙门氏菌形态结构的影响见图 3-5。由扫描电镜的结果可知,正常组沙门氏菌的菌体呈长杆状,两端钝圆,形态完成,胞体饱满;安石榴苷作用后,沙门氏菌菌体表面褶皱、出现缢缩,中间凹陷,菌体细胞变形;而且随着安石榴苷浓度的增加,沙门氏菌菌体表面变化越明显。说明安石榴苷破坏了沙门氏菌细胞膜的通透性,对沙门氏菌的生长起到抑制的作用。

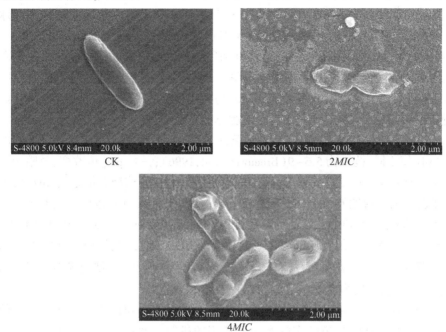

图 3-5　扫描电镜下正常沙门氏菌与安石榴苷作用后沙门氏菌的形态结构

3.3　讨论

目前,食品中常常添加化学防腐剂来抑制微生物的生长,从而延长食品的货架期。但是,随着人们生活水平的提高,消费者对食品的方便性、快捷性、安全性和营养性提出了更高的要求。化学防腐剂由于其潜在的毒性(致癌、致畸和致突变作用)而日益受到质疑。因此,从植物中提取抑菌活性物质并制成食品防腐剂成为当前的研究热点。研究表明,植物提取物对沙门氏菌、李斯特菌、金黄色葡萄球菌等具有抑制作用,抑菌活性物质的种类包括植物精油、单宁、多酚和有机酸等(Aqil et al,2005;Cowan,1999;Ankri and Mirelman,1999;Qiu et al,2010)。安石榴苷是石榴皮中含量最高的单宁类物质,具有多种生理活性。本文研究了安石榴苷对沙门氏菌细胞膜及形态的影响,结果为安石榴苷改变了沙门氏菌细胞膜的通透性,使胞内的 K^+ 释放到胞外,改变细胞膜电势,使细胞去极化;同时,影响胞内 pH 值,改变细胞正常生长的内环境。另外,安石榴苷对沙门氏菌菌体有损伤作用,使菌体细胞表面破损,内容物溶出,导致菌体细胞死亡。

安石榴苷破坏细胞膜的完整性,使胞内的 K^+ 释放到胞外。这与天然活性物质如精油、川皮苷、橘皮素等的作用机制一致,这些活性物质使细胞质的成分如 K^+、核酸、蛋白质和 ATP 释放到胞外(Lv et al,2011;Rhayour et al,2003;Sanchez et al,2010;Stojanović-Radić et al,2012)。Ultee et al(1999)研究表明,0.25 mmol/L 和 1 mmol/L 香芹酚能够使蜡样芽孢杆菌的胞内 K^+ 释放到胞外。Lv et al(2011)发现从 10 种植物中提取的精油能够破坏绿脓假单胞菌的细胞膜,使胞内的物质释放到胞外。Yao et al(2012)观察到川皮苷和橘皮素能够使假单胞菌和金黄色葡萄球菌胞内的谷丙转氨酶和天冬氨酸转氨酶释放到胞外。这些都表明,天然活性物质能够破坏微生物的细胞膜,使胞内的物质释放到胞外。

安石榴苷引起沙门氏菌细胞膜去极化。这与绿原酸作用于志贺氏菌和肺炎双球菌的机制一致(Lou et al,2011)。然而,一些天然产物能够引起细胞的超极化(Li et al,2014)。Sanchez et al(2010)研究表明,从药食两用的植物中提取的物质能够改变霍乱弧菌细胞膜的通透性,使细胞膜出现超极化现象。研究表明,去极化和超极化都是细胞膜受损的表现类型(Yuroff et al,2003;Li et al,2014)。出现这2种现象的原因为:①pH的改变;②细胞膜上离子的运动,特别是K^+,影响胞体的自动调节(Bot and Prodan,2009)。

pH_{in}对于细菌胞内DNA的转录与合成、酶活及蛋白合成等是非常重要的。不同的细菌,其胞内pH值不同,范围为$5.6\sim9$(Breeuwer et al,1996);一旦pH_{in}值改变,就暗示出细菌胞内某个器官发生了改变(Turgis et al,2009)。另外,pH_{in}还控制着细胞膜,pH_{in}发生变化意味着细胞膜的通透性发生了改变。Turgis et al(2009)证实MIC浓度下的芥末精油能够降低大肠杆菌$O_{157}:H_7$和金黄色葡萄球菌胞内pH_{in}值。Sanchez et al(2010)研究表明,从药食两用的植物中提取的物质能够降低霍乱弧菌胞内pH_{in}。我们研究证实安石榴苷引起沙门氏菌pH_{in}升高。表明安石榴苷作用于沙门氏菌细胞膜,使细胞膜对离子如K^+、H^+的通透性增强,从而使胞内外正常的pH发生变化。

安石榴苷破坏沙门氏菌细胞膜结构,这与上述的膜电势和pH_{in}的改变及释放K^+的结论一致。这些结果与文献报道的多酚类物质作用的机制一致(Lv et al,2011;Yao et al,2012)。Lv et al(2011)研究表明,复合精油作用于大肠杆菌、金黄色葡萄球菌和酵母后,其菌体出现不规则形态。Yao et al(2012)发现川皮苷和橘皮素作用于绿脓杆菌和荧光假单胞菌后,这2种菌的菌体形态受到破坏,导致细胞质泄漏。

3.4　小结

(1)浓度为$MIC\sim1/8MIC$的安石榴苷对沙门氏菌的生长具有一定的抑制作用;当浓度为$1/16MIC\sim1/64MIC$时,安石榴苷不影响沙门氏菌的生长曲线。

(2)经安石榴苷作用后,沙门氏菌胞内物质(K^+)释放到胞外,细胞膜出现去极化现象,细胞内的pH值显著升高,胞内外pH值差发生改变,说明安石榴苷使沙门氏菌的细胞膜通透性发生变化。

(3)由扫描电镜的结果可知,安石榴苷对沙门氏菌菌体有损伤作用,使菌体细胞表面破损,内容物溶出,导致菌体细胞死亡。

第 4 章　安石榴苷对沙门氏菌运动性及相关基因的影响

沙门氏菌的致病能力取决于许多毒力因子的存在。这些毒力因子包括脂多糖、肠毒素、细胞毒素以及其他毒力基因(Fabrega and Vila,2013)。大部分毒力因子存在于沙门氏菌的毒力岛上(Valdez et al,2009)。以沙门氏菌毒力因子为靶点的抗毒力药物或食品防腐剂成为世界研究的热点。研究表明,天然产物如丁香酚、百里香酚和香芹酚能够降低与沙门氏菌定植以及沙门氏菌在巨噬细胞内存活等有关基因的表达,并且减少沙门氏菌侵入肠上皮细胞(Upadhyaya et al,2013);同时,香芹酚对沙门氏菌的运动性有一定影响(Inamuco et al,2012)。另外,细菌的运动性可用泳动能力、蹭行运动和群集运动来反映。本章通过运动实验和荧光实时定量 PCR(RT-PCR)技术研究了安石榴苷对沙门氏菌运动性及相关基因的影响,为建立以干扰食源性沙门氏菌毒力因子为靶点的新型食品安全控制技术体系提供理论依据。

4.1　材料与方法

4.1.1　材料

4.1.1.1　主要仪器与设备

主要仪器见表4-1。

表 4-1　主要仪器

仪器/设备	型号	生产厂家
凝胶成像系统	JS680B	上海培清科技有限公司
实时荧光定量 PCR	IQ5	美国 BIO-RAD 公司
超微量核酸分析仪	Nano-200	杭州奥盛仪器有限公司
恒温摇床	TH$_2$-312	上海精宏实验设备有限公司
其他	同 2.1.1.1 和 3.1.1.1	

4.1.1.2　主要试剂

LB 琼脂及 LB 肉汤(北京陆桥技术有限责任公司);琼脂(北京陆桥技术有限责任公司);葡萄糖(分析纯)(四川西陇化工有限公司);RNA 提取试剂盒(Code No. DP430)[天根生化科技(北京)有限公司];反转录试剂盒(Code No. RR037A)、SYBR 试剂盒(Code No. DRR820S)[宝生物工程(大连)有限公司];其他试剂均为分析纯。见表4-2。

表 4-2　主要试剂

试剂	体积/μL
10×PCR Buffer	2.5
dNTP/（mmol/L）	0.5
MgCl$_2$/（mmol/L）	1.35
Taq/（U/mL）	0.125
上游引物	0.5
下游引物	0.5
DNA 模版	3
无菌水	16.53
总计	25

4.1.1.3　菌株

鼠伤寒沙门氏菌 SL1344。

4.1.2　方法

4.1.2.1　菌液的制备

将用 LB 肉汤-甘油（25%）保存的沙门氏菌接种于 LB 琼脂培养基上,于培养箱中（37 ℃）培养 12 h;然后,从平板上挑取 1~3 个菌落接种于 15 mL 无菌的 LB 肉汤中,于 37 ℃培养 10 h;用无菌的 LB 肉汤将上述的菌液稀释成 $OD_{600\,nm} = 0.5$。

4.1.2.2　运动实验

（1）泳动实验

分别称取 LB 肉汤培养基 25.0 g 和琼脂 3.0 g 于 1 L 蒸馏水中,加热煮沸至完全溶解,121 ℃高压灭菌 15 min;待培养基的温度降到 45 ℃左右时,分别取 100 mL 放入无菌的三角瓶中,然后向三角瓶中添加不同质量的安石榴苷,混匀后倒入平板;冷却 30 min 后,用移液器吸取 5 μL 的上述菌液接种至泳动培养基表面,于 37 ℃培养 7 h。用凝胶成像系统进行照相,并记录沙门氏菌向周围生长所形成的环的半径。

（2）蹭行运动

分别称取 LB 肉汤培养基 25.0 g 和琼脂 10.0 g 于 1 L 蒸馏水中,加热煮沸至完全溶解,121 ℃高压灭菌 15 min;待培养基的温度降到 45 ℃左右时,分别取 100 mL 放入无菌的三角瓶中,然后向三角瓶中添加不同质量的安石榴苷,混匀后倒入平板;冷却 30 min 后,用移液器吸取 5 μL 的菌液穿刺到培养基中,于 37 ℃培养 24 h。用凝胶成像系统进行照相,并用 Image J 测定沙门氏菌向周围生长所形成的面积。

（3）群集运动

分别称取 LB 肉汤培养基 25.0 g、琼脂 5.0 g 和葡萄糖 5.0 g 于 1 L 蒸馏水中,加热煮沸至完全溶解,121 ℃高压灭菌 15 min;待培养基的温度降到 45 ℃左右时,分别取 100 mL 放入无菌的三角瓶中,然后向三角瓶中添加不同质量的安石榴苷,混匀后倒入平板;冷却

30 min 后,用移液器吸取 5 μL 的菌液接种到泳动培养基表面,于 37 ℃ 培养 7 h。用凝胶成像系统进行照相。

4.1.2.3　RT-PCR

（1）引物设计及特异性

实验所用的引物见表 4-3（Bearson et al,2008;Upadhyaya et al,2013;Walthers et al,2007;Weir et al,2008）,由南京金斯瑞生物科技有限公司合成。

取上述的菌液 2 mL,离心,弃上清,无菌水洗涤 3 次,加入 0.5 mL 无菌水后在 100 ℃水浴锅中煮沸 10 min;然后,离心（12 000 r/min,5 min）并取上清为普通 PCR 反应的模板。反应体系如下:

反应条件:95 ℃ 5 min;94 ℃ 30 s,55 ℃ 45 s,72 ℃ 1 min,35 个循环;72 ℃,10 min。

表 4-3　RT-PCR 引物

基因		引物（5′-3′）
gyrB	F	GTCGAATTCTTATGACTCCTCC
	R	CGTCGATAGCGTTATCTACC
fliA	F	CGGAGTATCGTCAGATGTTG
	R	TTGATGTTCTTCAGTCACCAG
fliY	F	GCTTTGCCGATGAGGGTTTG
	R	GACGCTTTAACGCCCAGATG
fljB	F	TGGATGTATCGGGTCTTGATG
	R	CACCAGTAAAGCCACCAATAG
flhC	F	GAAAGTGGGTTGCTTGAATTG
	R	GCATCTCGGGAAAGTTTACG
fimD	F	CGCGGCGAAAGTTATTTCAA
	R	CCACGGACGCGGTATCC
spvB	F	TGGGTGGGCAACAGCAA
	R	GCAGGATGCCGTTACTGTCA
invH	F	CCCTTCCTCCGTGAGCAAA
	R	TGGCCAGTTGCTCTTTCTGA
orf245	F	CAGGGTAATATCGATGTGGACTACA
	R	GCGGTATGTGGAAAACGAGTTT
sipA	F	CAGGGAACGGTGTGGAGGTA
	R	AGACGTTTTTGGGTGTGATACGT
ssaV	F	GCGCGATACGGACATATTCTG
	R	TGGGCGCCACGTGAA

基因		引物(5′-3′)
ssrA	F	CGAGTATGGCTGGATCAAAACA
	R	TGTACGTATTTTTTGCGGGATGT
pipB	F	GCTCCTGTTAATGATTTCGCTAAAG
	R	GCTCAGACTTAACTGACACCAAACTAA
rpoS	F	TTTTTCATCGGCCAGGATGT
	R	CGCTGGGCGGTGATTC
sopB	F	GCGTCAATTTCATGGGCTAAC
	R	GGCGGCGAACCCTATAAACT
hflK	F	AGCGCGGCGTTGTGA
	R	TCAGACCTGGCTCTACCAGATG
lrp	F	TTAATGCCGCCGTGCAA
	R	GCCGGAAACCAAATGACACT
sodC	F	CACATGGATCATGAGCGCTTT
	R	CTGCGCCGCGTCTGA
xthA	F	CGCCCGTCCCCATCA
	R	CACATCGGGCTGGTGTTTT
ssaB	F	ATTCAGG ATATCAGGGCCGAAGGT
	R	GTGCTGCAAGCAGTAGTGTCACAT
hilA	F	CTGTACGGACAGGGCTATCG
	R	GCAGACTCTCGGATTGAACC
sdiA	F	TTACATTGGGATGACGTGCT
	R	AACTGCTACGGGAGAACGAT
srgE	F	GCGCAGGTTGGTATTACTTG
	R	GGCAGATTGTTCATGATTGC

(2)RNA 的提取

用无菌的 LB 肉汤将上述过夜培养的沙门氏菌菌液稀释成 $OD_{600\,nm}$ = 0.5;取菌液 5 μL 接种至 4.95 mL 无菌的 LB 肉汤中;将安石榴苷加入到 LB 肉汤中,使安石榴苷的最终浓度分别为 31.25、15.63、0 μg/mL(对照);37 ℃培养 7 h(鞭毛基因)或 13 h(毒力基因)后,取 1 mL 菌液于 12 000 r/min 离心 5 min,弃上清,按照 RNA 提取试剂盒的说明进行细菌 RNA 的提取。用琼脂糖凝胶检测 RNA 的纯度,并用微量核酸蛋白测定仪测定 RNA 的 $OD_{260\,nm}/OD_{280\,nm}$,判定 RNA 的浓度和纯度。

（3）反转录反应

首先,用微量核酸蛋白测定仪将 RNA 调成浓度一致;然后,用 TaKaRa PrimeScript^{TM} RT reagent Kit（Perfect Real Time）反转录试剂盒将总 RNA 反转录为 cDNA 并于-80 ℃保存。反转录反应体系如表4-4所示。

表4-4　反转录反应体系

试剂	使用量	终浓度
5 × PrimeScript © Buffer(for Real Time)	2 μL	1 ×
PrimeScript © RT Enzyme Mix I	0.5 μL	
Oligo dT Primer(50 μmol/L)	0.5 μL	25 pmol
Random 6 mers (100 μmol/L)	0.5 μL	50 pmol
Total RNA	2.5 μL	
RNase Free dH$_2$O up to	10 μL	

注意:反应液配制时,需在冰上进行并用无 RNAase 的枪头、离心管和八连管等。

在 PCR 仪上进行反转录反应,反应条件为:37 ℃,15 min（反转录反应）;85 ℃,5 s（反转录酶的失活反应）。

（4）RT-PCR

用伯乐 IQ5 进行 RT-PCR 反应。体系如表4-5所示。

表4-5　RT-PCR 反应体系

试剂	使用量	终浓度
SYBR © Premix Ex Taq(Tli RNaseH Plus) (2×)	12.5 μL	1 ×
PCR Forward Primer(10 μmol/L)	0.5 μL	0.2 μmol/L
PCR Reverse Primer(10 μmol/L)	0.5 μL	0.2 μmol/L
DNA 模板	2.0 μL	
dH$_2$O(灭菌蒸馏水)	9.5 μL	
Total	25.0 μL	

注意:配制反应液时,需在冰上进行。

反应条件如表4-6所示。

表4-6　反应条件

第一步	预变性 95℃、30 s	1 个循环
第二步	PCR 反应 95 ℃、5 s 60 ℃、30 s	40 个循环
第三步	溶解曲线分析 95 ℃、15 s 60 ℃、30 s	71 个循环

所有样品 3 个平行,并以 *gyrB* 基因作为内参,采用 $2^{-\Delta\Delta C_t}$ 法分析基因的相对表达量。

4.1.3 数据处理与分析

实验重复 3 次。用 DPS7.05 统计软件处理数据,结果以平均值±标准差表示;用 Duncan 新复极差法进行差异性分析,$P<0.05$ 表示差异显著,$P<0.01$ 表示差异极显著。

4.2 结果与分析

4.2.1 安石榴苷对沙门氏菌泳动能力的影响

由图 4-1 可知,沙门氏菌具有泳动能力;在泳动琼脂平板中添加安石榴苷(1/16*MIC* 和 1/32*MIC*)后,沙门氏菌的泳动能力降低,泳动半径分别为对照的 23.17% 和 39.01%;经差异性分析,安石榴苷组所形成的圈的半径与对照组有极显著差异($P<0.01$)。

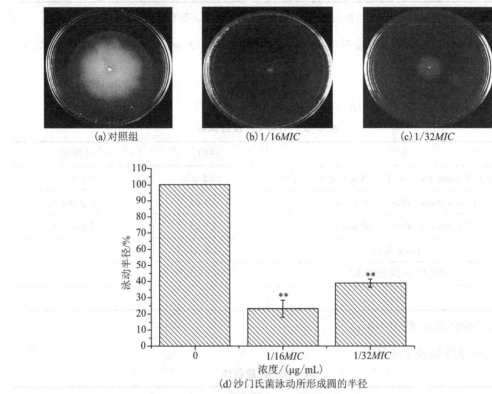

(a) 对照组   (b) 1/16*MIC*   (c) 1/32*MIC*

(d) 沙门氏菌泳动所形成圆的半径

图 4-1　安石榴苷对沙门氏菌泳动能力的影响

4.2.2 安石榴苷对沙门氏菌蹭行能力的影响

沙门氏菌在蹭行琼脂平板中的运动性如图 4-2 所示。可知,在蹭行琼脂平板中,不同浓度的安石榴苷组(1/16*MIC* 和 1/32*MIC*)沙门氏菌运动能力弱于对照组;但是,经差异性分析,安石榴苷组沙门氏菌的运动能力与对照组无显著性差异($P\geqslant0.05$)。

(a) 对照组　　　　　　　(b) 1/16*MIC*　　　　　　　(c) 1/32*MIC*

图 4-2　安石榴苷对沙门氏菌蹭行能力的影响

4.2.3　安石榴苷对沙门氏菌群集运动的影响

由图 4-3 可知,群集运动平板中,安石榴苷(1/16*MIC* 和 1/32*MIC*)组沙门氏菌的运动能力弱于正常对照组,运动所形成的面积分别为对照组的 1.95% 和 3.13%;经差异性分析,安石榴苷组沙门氏菌运动所形成的面积与对照组有极显著差异($P<0.01$)。

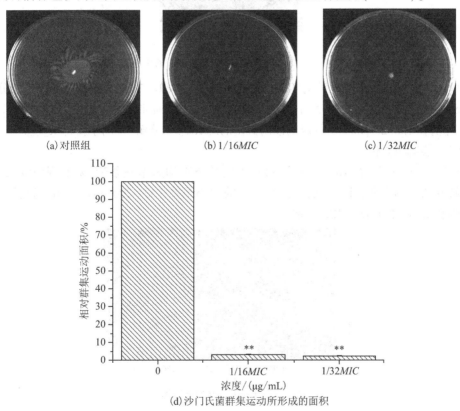

(a) 对照组　　　　　　　(b) 1/16*MIC*　　　　　　　(c) 1/32*MIC*

(d) 沙门氏菌群集运动所形成的面积

图 4-3　安石榴苷对沙门氏菌群集运动的影响

4.2.4　安石榴苷对沙门氏菌致病相关基因转录水平的影响

以与鞭毛有关的基因为例,分析所提取的 RNA 的质量及引物的特异性。其他样品或基因采用相同的分析方法。

4.2.4.1 RNA 提取结果

图 4-4 为沙门氏菌总 RNA 的琼脂糖电泳图。

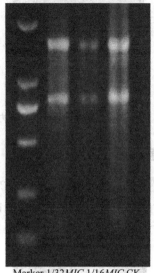

Marker 1/32*MIC* 1/16*MIC* CK

图 4-4 沙门氏菌 SL1344 总 RNA 的电泳图

由图 4-4 可知,沙门氏菌总 RNA 条带的完整性较好,5sRNA 条带不明显;经分析, 16sRNA 条带的亮度为 23sRNA 条带亮度的 1/2 左右;所提取的沙门氏菌 RNA 的 $A_{260\,nm}/A_{280\,nm}$ 比值在 1.8~2.4;说明所提取的沙门氏菌的总 RNA 未降解,可用于反转录实验。

4.2.4.2 引物特异性

由图 4-5 知,普通 PCR 扩增后,每对引物的条带均为单一条带,未发现引物二聚体 和非特异条带的存在,且每对引物扩增片段的大小都在 100~200 bp。说明,每对引物的 特异性较好,可用于 RT-PCR 实验。

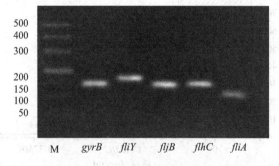

图 4-5 PCR 产物的电泳图

4.2.4.3 RT-PCR 扩增结果

图 4-6 和图 4-7 为 RT-PCR 的扩增曲线和溶解曲线。可知,*gyrB*、*fliA*、*fljB*、*flhC* 和 *fliY* 等基因的扩增曲线不一致,荧光值达到对数期时所用的循环数有差异性;各个基因扩 增产物的溶解曲线均为单峰,说明引物具有较好的特异性,能够用于 RT-PCR。

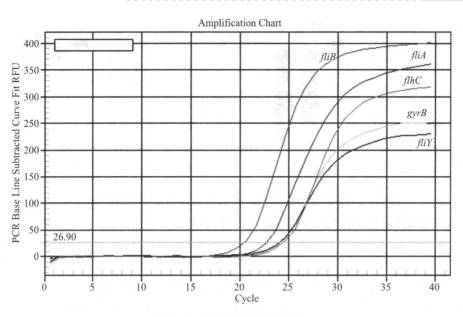

图 4-6　RT-PCR 的扩增曲线

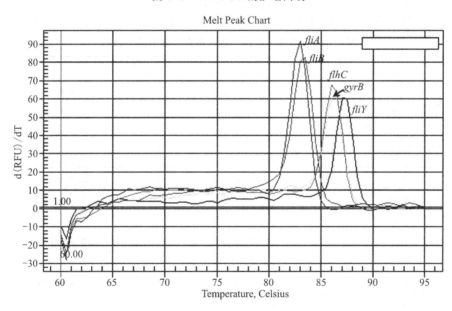

图 4-7　RT-PCR 的融解曲线

4.2.4.4　安石榴苷对沙门氏菌鞭毛基因表达的影响

安石榴苷对沙门氏菌鞭毛相关基因表达的影响如图 4-8 所示。可知,在亚抑制浓度时,安石榴苷能够抑制与编码鞭毛有关基因(*fliA、fliY、fljB、flhC* 等)的表达。安石榴苷的浓度为 1/16*MIC* 时,*fliA、fliY、fljB、flhC* 等基因的表达水平分别是对照的 25%、14%、8% 和 53%;经差异性分析,*fliA、fliY、fljB* 基因的表达量分别与对照有显著性差异($P<0.05$)。安石榴苷的浓度为 1/32*MIC* 时,*fliA、fliY、fljB、flhC* 等基因的表达水平分别是对照的 18%、13%、8%、55%;经差异性分析,*fliA、fliY、fljB* 基因的表达量分别与对照有极显著差异($P<0.01$)。

43

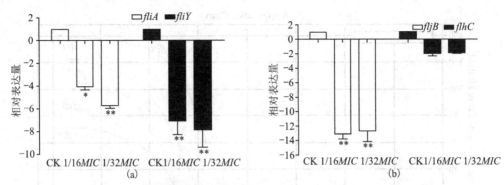

图 4-8 不同浓度的安石榴苷对沙门氏菌鞭毛相关基因表达的影响

4.2.4.5 安石榴苷对沙门氏菌毒力基因表达的影响

由表 4-7 可知,在亚致死浓度下,安石榴苷抑制沙门氏菌毒力因子的表达;下调的基因有:*fimD*(调控沙门氏菌运动性),*sopB* 和 *invH*(黏附和侵入),*sipA*、*pipB* 和 *orf*245(T3SS 系统),*hflK* 和 *lrp*(细胞膜和细胞壁的完整性),*xthA*(内切或外切核酸酶活性),*sodC*(巨噬细胞内生存有关),*rpoS*(与代谢有关);安石榴苷的浓度为 1/32MIC 时,*fimD*、*invH*、*sipA*、*rpoS*、*sopB* 和 *lrp* 等基因的表达量分别与对照有差异性;另外,与对照相比,安石榴苷处理组基因如 *spvB*(巨噬细胞内生存有关)、*ssaV*(T3SS 系统)和 *ssrA*(与代谢有关)的表达量是上调的。

表 4-7 安石榴苷对沙门氏菌毒力基因表达的影响

基因	相对表达量	
	1/16MIC	1/32MIC
gyrB	1	1
fimD	−2.24±0.44[*]	−2.20±0.80[*]
spvB	−0.76±0.15[**]	−0.27±0.15[**]
invH	−6.70±1.38[**]	−2.54±0.95[*]
*orf*245	−1.94±0.36	−1.23±0.17
sipA	−6.73±0.83[**]	−3.48±0.83[*]
ssaV	−0.48±0.10[**]	−0.24±0.01[**]
ssrA	−0.72±0.17[*]	−0.42±0.10[**]
pipB	−1.49±0	−0.60±0.26
rpoS	−3.81±0.66[**]	−4.64±0.18[**]
sopB	−5.97±0.64[**]	−4.07±0.65[**]
hflK	−1.13±0.36	−1.02±0.04
lrp	−2.02±0.31[*]	−2.12±0.19[*]
sodC	−1.61±0.17	−1.42±0.20
xthA	−1.60±0.02	−1.80±0.03
ssaB	−1.71±0.01	−1.14±0.08
hilA	−19.75±1.97[**]	−1.85±0.20[*]

注:* $P<0.05$,** $P<0.01$。

在一定程度上,Ⅲ型分泌系统(T3SS)调控沙门氏菌的致病性。已证明 *hilA* 和 *ssrB* 分别是 SPI-1 和 SPI-2 Ⅲ型分泌系统的中心调节因子。由结果知,与对照相比,安石榴苷抑制 *hilA* 和 *ssrB* 的表达量;当安石榴苷的浓度为 1/16MIC 时,*hilA* 的表达水平是对照的 1/20。

4.3 讨论

沙门氏菌具有鞭毛,有一定的运动性。泳动能力和群集运动与沙门氏菌的鞭毛有关,而蹭动能力与沙门氏菌的Ⅳ型菌毛有关(Rashid and Kornberg,2000)。研究表明,细菌的运动性与其致病性密切相关(Yang et al,2012)。一些天然产物能够降低致病菌的运动性,从而影响致病菌的致病性。研究表明,安石榴苷通过影响鞭毛基因的表达来抑制沙门氏菌的运动性。这与 Inamuco et al(2012)的结论不同。Inamuco et al(2012)证明香芹酚能够抑制沙门氏菌的运动性,其机制为香芹酚不影响鞭毛蛋白的生成,而是通过干扰其他途径影响沙门氏菌的运动性。天然产物可通过 2 种途径影响致病菌的运动性:①影响鞭毛蛋白的合成;②使鞭毛的功能发生改变。

目前,医院主要用抗生素治疗致病菌所引起的感染;抗生素主要是通过阻止微生物一些重要生命活动如细胞壁合成、DNA 复制和蛋白合成等生长过程中关键步骤来破坏其生长过程。虽然这种方式非常有效,但也给细菌带来选择性压力,从而使耐药菌株被筛选出来并成为优势群体(孟宁生,2009;唐经凡,2008)。基于抗生素的缺点,科学家将目光集中到天然来源的物质上,原因是某些植物化学物质仅抑制毒力因子的表达而并不抑制细菌的生长,由于毒力因子的表达对细菌存活并非必需,从而对细菌并不会构成进化上的压力,因而不易产生耐药现象(Rasko and Sperandio,2010)。Qiu et al(2010)发现亚抑制浓度下的百里酚能够减少金黄色葡萄球菌溶血素和肠毒素(A 和 B)的产生;Upadhyaya et al(2013)研究表明,丁香酚、百里香酚和香芹酚能够降低与沙门氏菌定植以及在巨噬细胞内存活相关基因的表达,并减少沙门氏菌侵入上皮细胞。沙门氏菌的致病能力与沙门氏菌的毒力因子如肠毒素、脂多糖和毒力岛密切相关。研究表明,安石榴苷能够降低沙门氏菌与在细胞内定植有关的基因的表达量。巨噬细胞吞噬致病菌的过程是巨噬细胞消除免疫反应和增强集体抵抗入侵的微生物的过程。致病菌在机体内生存是巨噬细胞提供免疫反应的结果。沙门氏菌能够在巨噬细胞内生存,从而通过循环系统进入体内器官。通过 RT-PCR 技术证明安石榴苷能够抑制沙门氏菌与在巨噬细胞内存活有关的基因 *sodC* 和 *pipB* 的表达,但上调 *spvB* 基因的表达。这与 Upadhyaya et al(2013)的结论不一致,原因是安石榴苷通过不同的机制抑制沙门氏菌毒力因子的表达。

研究表明,沙门氏菌的致病能力与沙门菌毒力岛(SPI)密切相关。目前已发现的沙门菌毒力岛大约有十几个,其中研究较为深入的有 SPI-1 和 SPI-2(Hansen-Wester,2001)。沙门菌的致病性主要表现为两个方面,一方面是侵入非吞噬细胞及其在细胞内存活的能力,另一方面是在宿主的吞噬细胞中复制的能力。而这两个方面的能力主要分别由 SPI-1 和 SPI-2 所决定(Andrews-Polymenis et al,2010)。SPI-1 中含有 *inv*、*hil*、*org*、*spt*、*spa*、*sip*、*iag*、*iac*、*prg*、*sic* 等基因,编码与侵袭力有关的Ⅲ型分泌系统的成分(王效义 2004)。而 *hilA* 是 SPI-1-Ⅲ型分泌系统的中心调节因子,*hilA* 直接控制 inv/spa 操纵子的表达。SPI-2 分为两部分,一部分包含 4 个操纵子(*ssa*、*ssr*、*ssc*、*sse*),另一部分含有 5 个 *ttr* 基因(即 *ttrA*、*B*、*C* 和 *ttrR*、*S*)。SPI-2-Ⅲ型分泌系统在结构和功能上同 SPI-1-Ⅲ型分泌系统有别,它在控制沙门菌在吞噬细胞内繁殖和向其他器官传播过程中发挥重要的作用。SPI-2 上的基因 *ssrA*-*ssrB* 编码一个二元调节系统,*ssrB* 已被证明是 SPI-2 的重要调节因子(Siriken,2013)。由于 *hilA* 和 *ssrB* 是沙门氏菌的两个重要的毒力岛的调控因子,影响这些重要的调控因子的表达能显著影响沙门氏菌的毒性和致病能力。因而这两个调控因子的表达可能成为抗感染物质的潜在的作用靶点。研究表明,安石榴苷能够降低 *hilA* 和 *ssrB* 的表达量。当安石榴苷的浓度为 1/16*MIC* 时,与对照相比,*hilA* 和 *ssaB* 的表达量分别降低了 19.75 倍和 1.71 倍。因此,*hilA* 和 *ssaB* 可能成为安石榴苷抗沙门氏菌感染物质的潜在作用靶点。然而,我们不清楚安石榴苷是否能通过抑制 *hilA* 和 *ssaB* 的表达来影响沙门氏菌的毒力基因,需通过全基因组学技术进一步的阐明。

4.4　小结

(1)在对沙门氏菌生长曲线无影响的浓度下,安石榴苷(31.250 μg/mL 和 15.125 μg/mL)抑制沙门氏菌的泳动能力和群集运动;但是,安石榴苷对沙门氏菌的蹭动能力无明显影响;RT-PCR 结果表明,安石榴苷(浓度为 31.250 μg/mL 和 15.125 μg/mL)能够使沙门氏菌鞭毛基因(*fliA*、*fliY*、*fljB*、*flhC* 等)的表达量降低。

(2)安石榴苷能够影响沙门氏菌与在体内定植有关的基因(如 *fimD*、*sopB*、*invH*、*sipA*、*pipB*、*orf245*、*hflK*、*lrp*、*xthA*、*sodC* 和 *rpoS*)的转录水平。

(3)另外,安石榴苷抑制 SPI-1 和 SPI-2 Ⅲ型分泌系统的调控因子 *hilA* 和 *ssrB* 的表达,进而显著影响沙门氏菌的毒性和致病能力。

第 5 章 安石榴苷对沙门氏菌群体效应的影响

群体感应是细菌或真菌依据自身分泌到胞外的信号分子或自诱导物的浓度来感知周围环境的变化，从而启动某些基因表达的过程(李承光等,2006)。研究表明,致病菌的群体效应与生物发光、生物膜、抗药性、运动性、毒素的分泌等有关(江启沛,2009)。目前,主要用抗生素如氨苄西林、庆大霉素和头孢噻呋等来治疗致病菌引起的疾病或感染;然而,随着抗生素的广泛使用及滥用,耐药性的致病菌越来越多,这就给人类预防和治疗致病菌引起的疾病或感染带来巨大的困难和挑战,因此,开发新型的抗生素及建立新型的治疗方法显得十分必要。近年来,以群体感应系统为靶点来控制致病菌的致病过程为控制致病菌的致病性提供了一种新的策略(尹守亮等,2011;权春善和范圣第,2008)。天然源的群体感应抑制剂受到越来越多的科学家的关注。研究表明,一些植物的提取物如钝顶螺旋藻提取物、黑木耳提取物、穿心莲内酯、绿原酸、大蒜提取物、五倍子和黄连提取物等具有抑制群体效应的作用(曾惠等,2012;李斌和董明盛,2010;张燎原等,2012;陈扬,2009)。沙门氏菌是一种革兰氏阴性菌,至少含有 2 种群体感应系统(AHLs 和 AI-2)(Walters and Sperandio,2006)。本研究探讨石榴皮单宁的主要成分——安石榴苷对沙门氏菌群体感应的影响,为开发以群体感应系统为靶点的新型食品防腐剂提供理论基础。

5.1 材料与方法

5.1.1 材料

5.1.1.1 主要仪器与设备

主要仪器如表 5-1 所示。

表 5-1 主要仪器

仪器/设备	型号	生产厂家
酶标仪	Model 680	美国 BIO-RAD 公司
实时荧光定量 PCR	IQ5	美国 BIO-RAD 公司
细菌培养箱	GHX-9050B-2	上海福玛实验设备有限公司
高压灭菌锅	LMQ.CE	山东新华医疗器械有限公司
超低温冰箱	Model 902	美国 Thermo 公司
超净工作台	YT-CJ-LND	北京亚泰科隆仪器技术有限公司

续表 5-1

仪器/设备	型号	生产厂家
分光光度计	Smart Spec™ plus	美国 BIO-RAD 公司
恒温摇床	TH₂-312	上海精宏实验设备有限公司
离心机	5804R	德国 Eppendorf 公司
超微量核酸分析仪	Nano-200	杭州奥盛仪器有限公司
其他	同 4.1.1.1	

5.1.1.2　主要试剂及培养基

LB 琼脂及 LB 肉汤(北京陆桥技术有限责任公司);二甲基亚砜(DMSO)(分析纯)(天津天力化学试剂有限公司);96 孔板(丹麦 Nunc 公司);乙醇(分析纯)(四川西陇化工有限公司);β-巯基乙醇(美国 sigma 公司);RNA 提取试剂盒(Code No. DP430)[天根生化科技(北京)有限公司];反转录试剂盒(Code No. RR037A)[宝生物工程(大连)有限公司];SYBR 试剂盒(Code No. DRR820S)[宝生物工程(大连)有限公司];N-(β-酮己酰)-L-高丝氨酸内酯(C₆-AHL,结构见图 5-1)(Code No. 76924-95-3)(美国 sigma 公司);安石榴苷(纯度≥98%)(成都曼思特生物科技有限公司);尿石素 A(见图 5-2)(由杭州麦俊化工科技有限公司合成);其他试剂均为分析纯。

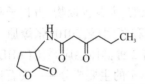

图 5-1　C₆-AHL 的化学结构

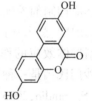

图 5-2　尿石素 A 的化学结构

5.1.1.3　菌株

鼠伤寒沙门氏菌 SL 1344;紫色杆菌 ATCC 12472 由扬州大学缪莉教授惠赠。

5.1.1.4　主要溶液配置

安石榴苷溶液:准确称取 2 mg 安石榴苷,并溶解于 LB 肉汤(2 mL);0.22 μm 滤膜过滤后,用 LB 肉汤将贮存液倍比稀释,于 4 ℃保存备用。

尿石素溶液:准确称取 0.5 mg 尿石素,并溶解于 2 mL LB 肉汤(含 10%的 DMSO);0.22 μm 滤膜过滤后,用无菌的 LB 肉汤(含 10%的 DMSO)将贮存液倍比稀释,于 4 ℃保存备用。

C₆-AHL 溶液:准确称取 2.13 mg 并溶于 1 mL LB(含 10%的甲醇)肉汤,终浓度为 10 mmol/L,0.22 μm 滤膜过滤后-20 ℃保存备用。

5.1.2　方法

5.1.2.1　菌液的制备

将用 LB 肉汤-甘油(25%)保存的沙门氏菌(或紫色杆菌)接种于 LB 琼脂培养基上,于培养箱中(37 ℃)培养 12 h;然后,取 1~3 个菌落接种于 15 mL 无菌的 LB 肉汤培养基中,于 37 ℃培养 10 h。

5.1.2.2　生长曲线

（1）安石榴苷对紫色杆菌生长曲线的影响。用无菌的 LB 肉汤将上述培养的紫色杆菌菌液稀释成 $OD_{600\,nm}=0.2$，取菌悬液 100 μL 加入到 96 孔板的各孔中。用 2 倍稀释法将安石榴苷用 LB 肉汤稀释至一系列浓度，然后，各取 100 μL 添加至含有菌悬液的 96 孔板中，安石榴苷的最终浓度分别为 1/64MIC、1/32MIC、1/16MIC、1/8MIC、1/4MIC、1/2MIC 和 0（CK）。每个浓度 5 个重复孔。混匀后于 30 ℃培养。分别于 2 h、4 h 和 6 h 用酶标仪测定各孔在 600 nm 的吸光度值。

（2）尿石素对紫色杆菌生长曲线的影响。用无菌的 LB 肉汤将上述培养的紫色杆菌菌液稀释成 $OD_{600\,nm}=0.2$，取菌悬液 100 μL 加入到 96 孔板的各孔中。取尿石素 100 μL 添加至含有菌悬液的 96 孔板中，尿石素的最终浓度分别为 100、50、25、12.5、6.25、0（CK）μg/mL。每个浓度 5 个重复孔。混匀后于 30 ℃培养。分别于 0、1、2、3、4、5、6、7、8 h 用酶标仪测定各孔在 600 nm 处的吸光度值。

5.1.2.3　定性分析

将上述的紫色杆菌菌液用无菌的 LB 肉汤稀释成 $OD_{600\,nm}=0.5$；用移液器取菌液 0.1 mL 加入到 LB 琼脂平板中，用涂布棒涂布均匀；将含不同浓度（31.25、15.63、7.81、0 μg/mL）的安石榴苷溶液各 200 μL 加入到无菌的牛津杯中；将平皿置于 30 ℃恒温箱中培养，24 h 后观察紫色素的生成情况。

5.1.2.4　定量分析

将上述的紫色杆菌菌液用无菌的 LB 肉汤稀释成 $OD_{600\,nm}=0.2$；用移液器取菌液 125 μL 加入到 96 孔板的各孔中；分别将不同浓度（62.5、31.25、15.125 、0 μg/mL）的安石榴苷溶液或不同浓度（100、50、25、12.5 μg/mL）的尿石素溶液（各 125 μL）加入到 96 孔板的各孔中，每个浓度 6 个重复孔；30 ℃培养 24 h；然后，每个处理取 1.2 mL（每个孔中取 200 μL）培养液于 12 000 r/min 离心 5 min；弃上清液并加入 1.0 mL DMSO；涡旋振荡 5 min 使紫色菌素彻底溶解；12 000 r/min 离心 10 min；吸取 250 μL 上清液添加到 96 孔板中，每种溶液做 3 个平行，用酶标仪测定波长为 570 nm 的 OD 值。

5.1.2.5　RT-PCR

（1）设计引物。以 Genebank 中沙门氏菌基因（ $sidA$ 和 $srgE$ ）的序列为模板，用 Primer 5 设计上、下游引物（表 5-2），同时以文献报道的 $gyrB$ 基因为内参（Bearson et al，2008），引物由南京金斯瑞生物科技有限公司合成。

表 5-2　实时荧光定量 RT-PCR 引物

基因	登记号	引物序列（5′-3′）	产物长度/bp
$sidA$	JX548326.1	F：TTACATTGGGATGACGTGCT	142
		R：AACTGCTACGGGAGAACGAT	
$srgE$	AE006468.1	F：GCGCAGGTTGGTATTACTTG	142
		R：GGCAGATTGTTCATGATTGC	
$gyrB$	—	F：GTCGAATTCTTATGACTCCTCC	—
		R：CGTCGATAGCGTTATCTACC	

（2）RNA 提取。用无菌的 LB 肉汤将上述的沙门氏菌菌液稀释成 $OD_{600\,nm}=0.5$；取菌液 5 μL 接种至4.990 mL无菌的 LB 肉汤中；将安石榴苷加入到 LB 肉汤中，使安石榴苷的最终浓度分别为31.25、15.63、0 μg/mL；将 5 μL 的 C_6-AHL 溶液加入到 LB 肉汤中，最终浓度分别为1 μmol/mL，以无菌水（含 10%甲醇）为对照；37 ℃培养 13 h 后，取 1 mL 菌液于 12 000 r/min 离心5 min，弃上清，取菌体并按照 RNA 提取试剂盒的说明进行 RNA 的提取，并用微量核酸蛋白测定仪测定 RNA 的 $OD_{260\,nm}/OD_{280\,nm}$，判定 RNA 的浓度和纯度。

（3）反转录反应参照 4.1.2.3。

（4）RT-PCR 参照 4.1.2.3。

5.1.2.6 分子对接

用 PyMOL 软件构建 C_6-AHL、安石榴苷、尿石素和鞣花酸的 MOL2 数据库，并分别给分子加氢原子和加载电荷。所选取的 sdiA 蛋白结构在蛋白质数据库（PDB）中的序号为 2VAX。用 AutoDock3.0 进行分子对接。在 AutoDock3.0 中，sdiA 蛋白分别加氢原子和加载电荷，并使其产生活性位点中心；用 Lamarckian 遗传算法进行分子对接，其余参数采用程序默认值。

5.1.3　数据处理与分析

实验重复 3 次。数据用平均值±标准差表示，在 DPS 7.05 软件中，用 Duncan 新复极差法进行显著性分析，$P<0.05$ 表示差异显著，$P<0.01$ 表示差异极显著。

5.2　结果与分析

5.2.1　安石榴苷对紫色杆菌生长曲线的影响

图 5-3 为安石榴苷对紫色杆菌生长曲线的影响。由图 5-3 可知，在 0~6 h 内，浓度为 $1/2MIC\sim1/16MIC$ 的安石榴苷能够抑制紫色杆菌的生长；而 $1/32MIC\sim1/64MIC$ 的安石榴苷对紫色杆菌的生长曲线没有显著影响；在各个时间点（2 h、4 h 或 6 h），不同浓度（$1/32MIC\sim1/64MIC$）下的 $OD_{600\,nm}$ 值与对照组没有差异。说明浓度为 $1/16MIC\sim1/64MIC$ 的安石榴苷对紫色杆菌是无毒的，可用于定量和定性实验。

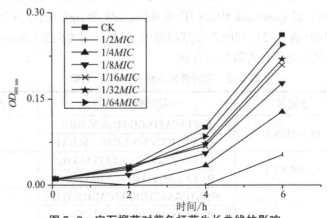

图 5-3　安石榴苷对紫色杆菌生长曲线的影响

5.2.2   安石榴苷对紫色杆菌产生紫色素的影响

5.2.2.1   定性分析

图 5-4 为安石榴苷对紫色杆菌分泌紫色素的定性分析。可知,与对照组相比,添加了安石榴苷(1/16MIC、1/32MIC 和 1/64MIC)的牛津杯周围出现了不透明的白色抑制圈,且在不影响菌生长的情况下,随着安石榴苷浓度(1/32MIC 和 1/64MIC)的增加,抑制圈的直径也随之增加,说明安石榴苷抑制了紫色杆菌紫色素的产生。说明安石榴苷通过2 种途径抑制紫色素的产生:抑制紫色杆菌的生长繁殖或可能与抑制群体感应系统而降低紫色菌素的产生有关。

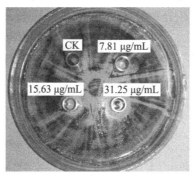

图 5-4   安石榴苷对紫色杆菌产生紫色素的定性分析

5.2.2.2   定量分析

紫色杆菌在肉汤中培养一定的时间后会产生紫色素,紫色素的产生由群体效应系统控制。若体系中含有群体效应抑制剂,那么紫色素很少甚至不能产生。由图 5-5 可知,肉汤中添加安石榴苷,当浓度为 1/32MIC 和 1/64MIC 时,紫色菌素的量分别为对照组的64.66% 和 94.56%;浓度为 1/32MIC 的安石榴苷组的紫色素产生量与对照组有显著性差异($P<0.05$)。表明安石榴苷抑制紫色素产生的机制可能与抑制细菌群体感应系统有关。

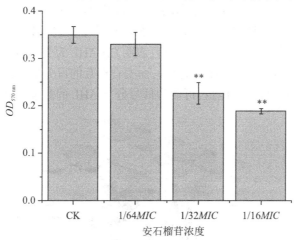

图 5-5   安石榴苷对紫色杆菌产生紫色素的定量分析

5.2.3 安石榴苷对沙门氏菌群体效应基因表达的影响

所提取的 RNA 经琼脂糖凝胶电泳和 $A_{260\,nm}/A_{280\,nm}$ 检测质量合格,可用于 RT-PCR 试验;同时,所设计的引物经 PCR 检测后出现单一的条带,加上 RT-PCR 各基因的溶解曲线出现单一的峰,说明引物的特异性较好,能够满足 RT-PCR 实验(结果同 4.2.4)。用以上提取的 RNA 和引物进行 RT-PCR 实验,结果见图 5-6。可知,与对照组相比,培养基中添加了 AHL 组的沙门氏菌群体效应基因 *sdiA* 和 *srgE* 的表达量是上调的,分别是对照的 2.00 倍和 1.87 倍。与添加 AHL 组相比,添加安石榴苷组的沙门氏菌基因 *sdiA* 和 *srgE* 的表达量是下调的;在浓度为 $1/32MIC$ 时,*sdiA* 和 *srgE* 的表达量是 AHL 组的 53% 和 47%;在浓度为 $1/16MIC$ 时,*sdiA* 和 *srgE* 的表达量是 AHL 组的 5% 和 5%,分别与对照组有极显著差异($P<0.01$)。

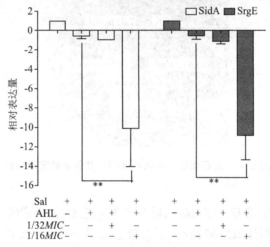

图 5-6　安石榴苷对沙门氏菌群体效应基因表达的影响

5.2.4 分子对接

用 AutoDock3.0 所模拟的 SdiA 蛋白的 3D 结构图如图 5-7 所示。以该蛋白为受体,以信号分子 C_6-AHL 为对照,对安石榴苷、尿石素和鞣花酸进行分子对接,结果如表 5-3 所示。可知,信号分子 C_6-AHL 的分数最高,表明 C_6-AHL 为受体蛋白 SdiA 的最适底物,尿石素和鞣花酸的得分接近于 AHL 的得分,而安石榴苷的得分最低;说明,尿石素和鞣花酸与信号分子具有较为接近的能量,可能为信号分子 AHL 的竞争性抑制剂。

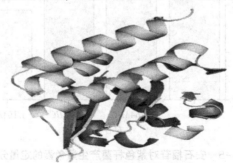

图 5-7　SdiA 蛋白空间结构

表 5-3　分子对接结果

编号	得分
C6-AHL	7.245 3
安石榴苷	−118.299 8
鞣花酸	4.823 3
尿石素	4.400 2

5.2.5　尿石素对紫色杆菌产生紫色素的影响

图 5-8 为尿石素对紫色杆菌生长曲线的影响。可知,在 0~8 h,浓度为 100 μg/mL 和 50 μg/mL 的尿石素对紫色杆菌的生长有一定的抑制作用;而 25、12.5、6.25 μg/mL 的尿石素对紫色杆菌的生长曲线没有显著影响;在各个时间点,不同浓度(25、12.5、6.25 μg/mL)下的 $OD_{600\,nm}$ 值与对照组没有显著差异。说明浓度为 25、12.5、6.25 μg/mL 的尿石素对紫色杆菌生长无影响,可用于紫色素的定量实验。

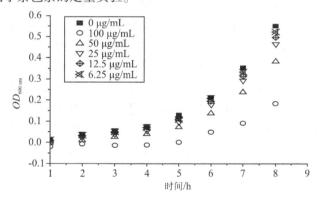

图 5-8　尿石素对紫色杆菌生长曲线的影响

由图 5-9 可知,向培养基中添加尿石素,当浓度为 25、12.5、6.25 μg/mL 时,紫色菌素的量分别为对照组的 94.03%、89.00% 和 98.37%;浓度为 25 μg/mL 或 12.5 μg/mL 的尿石素组所产生的紫色素的量与对照组有显著性差异($P<0.05$)。当尿石素的浓度为 50 μg/mL 时,紫色菌素的量为对照组的 78.42%,与对照组有显著性差异($P<0.05$)。表明尿石素在抑制和不抑制紫色杆菌生长的情况下都影响紫色素的产生。说明尿石素干扰细菌的群体效应系统。

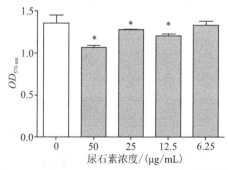

图 5-9　尿石素对紫色杆菌产生紫色素的影响

5.3 讨论

沙门氏菌是一种革兰氏阴性菌,至少含有 2 种群体感应系统,即 AHLs 系统和 AI-2 系统。沙门氏菌的群体效应与其致病性如运动性、生物膜、致病因子等有关(Antunes et al,2010)。因此,群体效应系统为治疗致病菌感染最热门的靶点。由于天然产物自身的优势(安全,毒性小,不易导致细菌耐药),天然的群体感应抑制剂成为研究的热点(Nazzaro et al,2013;Koh et al,2013)。通常,用微生物模型如紫色杆菌 *Chromobacterium violaceum* CV026 和 *C. violaceum* ATCC 12472 来鉴别天然产物是否有抑制群体效应的作用。紫色杆菌能够通过 AHL 系统控制紫色素的产生,该紫色素不溶于水,溶解于 DMSO、乙醇等溶剂;该菌被认为是 AHL 介导的报告菌株以及认为被用来筛选干扰 AHL 的天然活性物质模式机体(Duran et al,2010)。通过紫色杆菌实验,我们证实石榴皮单宁的主要成分——安石榴苷具有抑制群体效应的作用。这与许多植物源的天然产物具有相同的性质,这些天然产物包括石榴叶、姜和玫瑰花茶提取物以及香芹酚等(Ghosh et al,2014;Zhang et al,2014;Kumar et al,2014;Burt et al,2014;Djakpo Odilon,2010)。

天然活性成分通过三种途径干扰 AHL 群体效应:①阻止 AHL 信号分子的产生;②干扰 AHL 信号分子的传播;③抑制 AHL 信号受体蛋白的合成(McClean et al,1997)。沙门氏菌含有 LuxR 同系物 SdiA 蛋白,而并没有 *luxI* 基因,因此,不能产生 AHL 分子(Michael et al,2001),但是 SdiA 能够感知其他微生物分泌的 AHL;另外,SdiA 调控沙门氏菌的致病基因如 rck(Ahmer et al,1998)(见图 5-10)。通过 RT-PCR 实验,我们发现安石榴苷能够降低沙门氏菌群体效应基因 *sdiA* 和 *srgE* 的表达量。这与上述的紫色素定量和定性实验的结果一致。说明,安石榴苷通过抑制 AHL 信号受体蛋白的合成来控制群体效应系统。

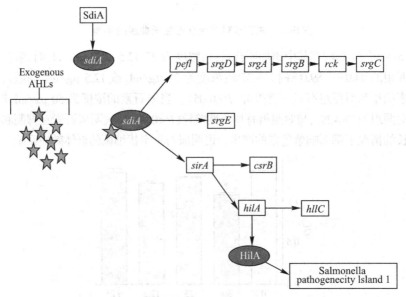

图 5-10　SdiA 调控沙门氏菌致病相关基因的表达

在肠道内,安石榴苷能被微生物代谢成尿石素 A 和尿石素 B,并在肠道内累计达到 μmol/L 以上(Cerda et al,2003)。据报道,尿石素能通过抑制群体效应来控制小肠结肠炎耶尔森菌(*Yersinia enterocolitica*)生物膜的形成和运动性(Gimenez-Bastida et al,2012)。沙门氏菌是一种革兰氏阴性菌,具有 AHL 型群体效应系统,这与小肠结肠炎耶尔森菌、绿脓假单胞菌等相同(Myszka et al,2012)。通过体外实验,我们发现尿石素 A 具有抑制紫色杆菌群体效应的作用。我们推测,安石榴苷通过细胞膜进入体内,一方面,安石榴苷抑制与沙门氏菌群体效应有关基因的表达,减少相关蛋白的生成;另一方面,安石榴苷被代谢成尿石素,尿石素与 AHL 竞争性的结合 SdiA,从而抑制沙门氏菌的群体效应。然而,尿石素是否能够抑制沙门氏菌群体效应相关基因的表达,需通过进一步的实验证明。

5.4　小结

(1)浓度为 31.250 μg/mL 的安石榴苷对紫色杆菌的生长具有一定的抑制作用。

(2)在不影响紫色杆菌生长的情况下,安石榴苷(浓度为 15.125 μg/mL 和 7.563 μg/mL)能够抑制紫色杆菌分泌紫色素,进而影响群体效应系统。

(3)由 RT-PCR 的结果知,安石榴苷(浓度为 31.250 μg/mL 和 15.125 μg/mL)能够抑制沙门氏菌群体效应基因 *sdiA* 和 *srgE* 的表达,进而干扰沙门氏菌的群体效应。

(4)进一步的研究表明,在体内,安石榴苷可能通过其代谢产物尿石素 A 来发挥抗沙门氏菌群体效应的作用。

第6章 安石榴苷对沙门氏菌黏附和侵入细胞的影响

沙门氏菌是一种危害人类及动物的重要肠道致病菌,食源性的污染可导致人类胃肠炎、伤寒及副伤寒等疾病(Coburn et al,2007)。黏附是致病菌在宿主上皮细胞定植的重要阶段,是引起肠道炎症及病变的前提条件(Bhavsar et al,2007)。沙门氏菌经胃部进入小肠后首先在肠上皮细胞表面进行黏附和定植,然后入侵细胞并使宿主发生一系列的病变如腹泻(张海方,2011)。若能够阻止沙门氏菌黏附或侵入肠上皮细胞,那么将有效地减轻沙门氏菌对宿主的致病性。本实验以人肠上皮细胞 HT29(常用于细菌的黏附和侵入实验)为模型,研究安石榴苷对鼠伤寒沙门氏菌黏附和侵入肠上皮细胞的影响,为开发用于预防或治疗食源性致病菌引起感染的新型药物提供理论基础。

6.1 材料与方法

6.1.1 材料

6.1.1.1 主要仪器与设备

主要仪器见表6-1。

表6-1 主要仪器

仪器/设备	型号	生产厂家
CO_2培养箱	HF90	上海力申科学仪器有限公司
低速离心机	TD5A−WS	长沙湘仪离心机仪器有限公司
细菌培养箱	GHX−9050B−2	上海福玛实验设备有限公司
4 ℃冰箱	YC−260C	合肥美菱股份有限公司
超低温冰箱	Model 902	美国 Thermo 公司
倒置显微镜	BDS3000	重庆奥特光学仪器有限公司
超净工作台	YT−CJ−LND	北京亚泰科隆仪器技术有限公司
分光光度计	Smart Spec™ plus	美国 BIO−RAD 公司
恒温摇床	TH₂−312	上海精宏实验设备有限公司
离心机	5804R	德国 Eppendorf 公司
液氮罐	YDS−10	乐山市东亚机电工贸有限公司
排枪	7000	日本立洋
其他		同 5.1.1.1

6.1.1.2　主要试剂与耗材

24/96 孔板和细胞培养瓶(丹麦 NUNC 公司);DMEM(Cat. No. 12800-017)(美国 Gibco 公司);双抗(美国 Corning 公司);MTT(科昊生物工程有限公司);胎牛血清(FBS)(美国 Hyclone 公司);胰蛋白酶-EDTA 消化液(北京索莱宝科技有限公司);LB 琼脂及 LB 肉汤(北京陆桥技术有限责任公司);庆大霉素(美国 Sigma 公司);其他试剂均为分析纯。

6.1.1.3　菌株

鼠伤寒沙门氏菌 SL1344。

6.1.1.4　细胞

人结肠腺癌细胞 HT29:西北农林科技大学理学院段金友教授贵赠。

6.1.1.5　主要溶液配置

MTT 溶液(5 mg/mL):避光称取 MTT 粉末 500 mg,于 100 mL PBS 缓冲液中充分溶解,0.22 μm 滤膜过滤,-20 ℃避光保存。

DMEM 培养基:取包装为 1 L 的 DMEM,溶于 1 L H_2O 中,并添加 $NaHCO_3$ 2.0 g,0.22 μm 滤膜过滤后,分装 5 瓶,-20 ℃保存;使用时,于 4 ℃解冻,并添加血清(终浓度为 10%),非必需氨基酸(终浓度为 1%)和双抗(终浓度为 1%)。

磷酸缓冲液(PBS):称取 NaCl 8 g,KCl 0.2 g,$Na_2HPO_4 \cdot 12H_2O$ 3.63 g,K_2HPO_4 0.24 g,溶于去离子水,定容至 1 000 mL,高压灭菌后 4 ℃保存备用。

安石榴苷溶液:准确称取安石榴苷 5 mg,溶于 5 mL 不含血清和双抗的 DMEM 培养基中,用滤膜(0.22 μm)过滤,于 4 ℃保存备用。

1% Triton-100:Tris-HCl(1 mol/L)2.5 mL,NaCl 0.438 g,Triton-100 0.5 mL,添加蒸馏水并定容至 50 mL,0.22 μm 滤膜过滤后,-20 ℃保存备用。使用时,添加 PMSF,使其终浓度为 100 μg/mL。

6.1.2　方法

6.1.2.1　菌液制备

从 LB 琼脂培养基上挑取沙门氏菌单菌落,并接种于 LB 肉汤中,在培养箱中(37 ℃)培养 12 h;然后,取 10 mL 菌液用离心机离心(12 000 r/min、5 min),弃上清;添加不含血清和双抗的 DMEM 培养基并将吸光度(OD)调至 $OD_{600\,nm} = 0.5$(约为 $1×10^8$ CFU/mL)。

6.1.2.2　HT29 细胞培养

HT29 细胞培养于含胎牛血清(10%)、青霉素(100 U/mL)、链霉素(100 μg/mL)和非必需氨基酸(1%)的 DMEM 培养基中,置于饱和湿度培养箱(37 ℃、5% CO_2)中培养。当细胞铺展面积占培养瓶底面积 85% 时,用 PBS 洗细胞 1 次,加 0.25% 胰蛋白酶消化,时间为 1.5 min,用移液器轻轻吹打瓶壁上的细胞,并以 1:5 的比例接种于新培养瓶中。用对数生长期的 HT29 细胞进行以下实验。

6.1.2.3　MTT

取对数生长期的 HT29 细胞,用胰酶(浓度为 0.25%)消化并制成单细胞悬液,用 DMEM 培养基将悬液调整为细胞浓度为 $1×10^5$ 个/mL,接种于 96 孔细胞培养板中,每孔 200 μL,于培养箱(37 ℃、5% CO_2)中培养 12 h 使细胞贴壁;加入不同浓度的安石榴苷溶液(125、62.5、31.25、15.125、0 μg/mL),每组 5 个平行,于培养箱中(37 ℃、5% CO_2)培养 24 h;完全弃去上清液,并向每孔加入 20 μL 的 MTT 溶液(0.5 mg/mL,以无血清和双抗的 DMEM 培养基稀释);培养 4 h 后,用排枪吸去孔内的溶液;同时,每孔加入 100 μL DMSO,于摇床上 100 r/min 振荡 10 min;用酶标仪测定 $OD_{570\,nm}$ 的吸光度值。

6.1.2.4 黏附实验

取对数生长期的 HT 29 细胞,用胰酶消化液消化并制成单细胞悬液,用 DMEM 培养基将悬液调整为细胞浓度为 $1×10^5$ 个/mL,接种于 24 孔细胞培养板中,每孔 1 mL;培养 12 h 后,用无菌的 PBS 洗 3 次,加入 0.6 mL 的 SL1344($OD_{600\,nm}$ = 0.5)和 0.6 mL 的安石榴苷溶液,使安石榴苷的终浓度分别为 62.5、31.25、15.125 μg/mL,以不含血清和双抗的培养基为对照组;37 ℃、5% CO_2 环境下作用 1 h 后,弃上清,用无菌的 PBS 冲洗 3 次;然后用无菌 1% Triton-100 裂解细胞(20 min),用无菌的 PBS 倍比稀释一系列浓度,取 100 μL 稀释液于 LB 固体板上用涂布棒涂布均匀,在 37 ℃培养 12 h 后计数。

6.1.2.5 侵入实验

取对数生长期的 HT 29 细胞,用胰酶(浓度为 0.25%)消化液消化并制成单细胞悬液,用 DMEM 培养基将悬液调整为细胞浓度为 $1×10^5$ 个/mL,接种于 24 孔细胞培养板中,每孔 1 mL;培养 12 h 后,用无菌的 PBS 洗 3 次,加入 0.6 mL 的 SL1344($OD_{600\,mm}$ = 0.5)和 0.6 mL 的安石榴苷溶液,使安石榴苷的终浓度分别为 62.5、31.25、15.125 μg/mL,以不含血清和双抗的培养基为对照;37 ℃、5% CO_2 环境下作用 1 h 后,弃上清,加入无菌的庆大霉素(用不含双抗和血清的 DMEM 配置,终浓度为 100 μg/mL)作用 1 h;然后,用无菌的 1% Triton-100 裂解细胞,用 PBS 倍比稀释一系列浓度,分别取 100 μL 稀释液于 LB 固体板上用涂布棒涂布均匀,于 37 ℃培养 16 h 后计数。

6.1.3 数据处理与分析

实验重复 3 次。用 DPS7.05 软件进行统计分析,用 Duncan 新复极差法进行差异性检验。所有数据表示为平均值±标准差,$P<0.05$ 表示差异显著,$P<0.01$ 表示差异极显著。

6.2 结果与分析

6.2.1 HT 29 细胞形态

图 6-1 为对数生长期的 HT 29 细胞的形态。

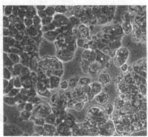

图 6-1 倒置显微镜观察 HT 29 细胞形态(×200)

由图 6-1 可知,HT 29 细胞贴壁生长,生长状况良好;细胞呈圆形;细胞饱满,形态规则,细胞轮廓清晰。说明,该细胞生长良好,可用于以下实验。

6.2.2　安石榴苷的安全性

由图 6-2 可知,安石榴苷与 HT29 细胞共培养 12 h 后,细胞的活性逐渐增强;与对照相比,安石榴苷处理组(125、62.5、31.25、15.125 μg/mL)细胞的活性分别增加了 37.13%、34.98%、42.13% 和 21.38%;经差异性分析,安石榴苷处理组(125、62.5、31.25、15.125 μg/mL)细胞的活性分别与对照组有极显著差异($P<0.01$)。说明浓度为 125~15.125 μg/mL 的安石榴苷对 HT29 细胞是无毒性的,可用于以下的黏附和侵入实验。

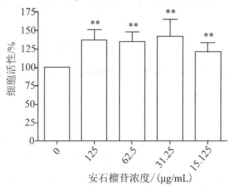

图 6-2　安石榴苷对 HT29 细胞活性的影响

6.2.3　安石榴苷对沙门氏菌黏附细胞的影响

安石榴苷和沙门氏菌与 HT 29 细胞共培养 1 h 后,沙门氏菌黏附 HT 29 细胞的情况见图 6-3。可知,安石榴苷对沙门氏菌黏附 HT 29 细胞没有显著影响;与对照相比,安石榴组(62.5、31.25、15.125 μg/mL)黏附沙门氏菌的总量分别是对照组的 126.67%、73.67%、66.67%;经方差分析,安石榴苷组黏附沙门氏菌的总量与对照组没有显著差异($P≥0.05$)。

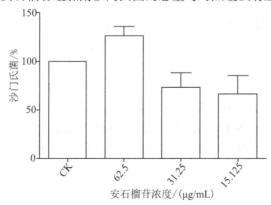

图 6-3　安石榴苷对沙门氏菌黏附 HT 29 细胞的影响

6.2.4　安石榴苷对沙门氏菌侵入细胞的影响

由图 6-4 可知,安石榴苷明显的抑制沙门氏菌侵入 HT29 细胞;与对照组相比,安石榴苷组(62.5、31.25、15.125 μg/mL)细胞侵入沙门氏菌的总量分别是对照组的20.78%、26.31%和33.87%；由方差分析的结果知,安石榴苷组细胞侵入沙门氏菌的总量与对照组有极显著差异($P<0.01$)。

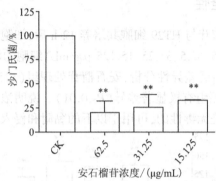

图6-4　安石榴苷对沙门氏菌侵入 HT 29 细胞的影响

6.3　讨论

沙门氏菌是一种肠道致病菌。对于侵袭型的沙门氏菌,经消化道进入肠道后可通过2条途径侵入宿主:通过 PP 上的 M 细胞或直接侵袭 M 细胞进入上皮下组织(贺奋义,2006)。当沙门氏菌黏附到上皮细胞顶部或 M 细胞后,将自身合成的效应蛋白分泌到胞外,并通过Ⅲ型分泌系统使效应蛋白移位于宿主细胞,从而使宿主细胞发生一系列生理生化变化如重排肌动蛋白细胞骨架;此时,细胞质形成一个向外突起,能够将细菌牢牢的包裹在细胞膜内;最后,沙门氏菌以细胞摄粒的作用进入宿主细胞(Haraga et al,2008)。可见,沙门氏菌黏附和侵入肠细胞是沙门氏菌致病的关键步骤。研究表明,天然产物有抑制致病菌黏附或(和)侵入细胞的作用。Inamuco et al(2012)研究表明与香芹酚共同培养一定时间后的沙门氏菌侵入 IPEC-J2 和 Caco-2 细胞的能力减弱,而黏附能力无明显改变。Upadhyaya et al(2013)证实香芹酚、百里香酚和丁子香酚能够抑制沙门氏菌侵入和黏附鸡输卵管上皮细胞。Yin et al(2012)发现葡萄汁中的柚皮素能够阻止沙门氏菌黏附 Caco-2 细胞。我们证实安石榴苷具有抑制沙门氏菌侵入 HT29 细胞的作用,但对黏附作用无显著影响。另外,沙门氏菌的Ⅲ型分泌系统也影响沙门氏菌黏附和侵入肠上皮细胞,研究表明安石榴苷下调Ⅲ型分泌系统的调控基因,因此,我们推断安石榴苷可能通过影响沙门氏菌的Ⅲ型分泌系统进而阻止沙门氏菌黏附和侵入肠上皮细胞。沙门氏菌侵入细胞后会使细胞产生炎症反应,一些炎症因子如 IL-6、IL-8 和 TNF-α 就会分泌到胞外(Huang,2009)。然而,我们并不清楚安石榴苷是否能够减轻沙门氏菌诱导的肠细胞的炎症反应,需通过进一步的实验证明。

6.4　小结

(1)浓度为 125.000~15.125 μg/mL 的安石榴苷对肠上皮细胞 HT29 是安全的。

(2)在无毒性的浓度下,安石榴苷能够显著影响沙门氏菌侵入 HT29 细胞,而其对沙门氏菌的黏附作用无显著影响。

第 **7** 章 安石榴苷对巨噬细胞免疫功能的影响

巨噬细胞是机体非特异性免疫系统的重要组成部分,主要功能是以固定细胞或游离细胞的形式对细胞残片及病原体进行吞噬和消化(即噬菌作用),并激活淋巴球或其他免疫细胞,令其对病原体作出反应;在非特异性免疫(先天性免疫)和特异性免疫(细胞免疫)中发挥着重要的作用(Gosselin and Glass,2014;McNelis and Olefsky,2014;Zhang and Wang,2014)。安石榴苷是石榴中含量较高的水解性单宁,由于其具有抗炎、杀菌、抗病毒、抗氧化、减肥、保肝及抗癌等生理活性,近年来备受关注(Olajide et al,2014;Zou et al,2014;Yaidikar et al,2014;Guan et al,2014;Aqil et al,2012;Lin et al,2013)。本章以巨噬细胞 RAW264.7 为模型,探讨安石榴苷对巨噬细胞吞噬功能、细胞因子的分泌、NO 合成功能、抗氧化酶活性以及细胞凋亡等的影响,阐明安石榴苷对小鼠巨噬细胞免疫功能的影响,为开发新型的抗感染药物以及功能食品提供理论基础。

7.1 材料与方法

7.1.1 材料

7.1.1.1 主要仪器与设备
主要仪器见表 7-1。

表 7-1 主要仪器

仪器/设备	型号	生产厂家
荧光显微镜	IX71	日本 Olympus 公司
多功能酶标仪	M200pr	瑞士 TECAN 公司
恒温水浴锅	HW.SY11-K2	北京市长风仪器仪表公司
恒温干燥箱	DHG-9140A	上海精宏实验设备有限公司
分光光度计	Smart Spec™ plus	美国 BIO-RAD 公司
恒温摇床	TH$_2$-312	上海精宏实验设备有限公司
离心机	5804R	德国 Eppendorf 公司
液氮罐	YDS-10	乐山市东亚机电工贸有限公司
其他		同 4.1.1.1 和 6.1.1.1

7.1.1.2 主要试剂与耗材
6/12/24/96 孔板和细胞培养瓶(美国 Corning 公司);RPMI 1640 培养基(美国 Gibco 公司);胎牛血清(美国 Corning 公司);乳酸脱氢酶(LDH)试剂盒(比色法)、过氧化氢酶

(CAT)测定试剂盒、总超氧化物歧化酶(T-SOD)测试盒(羟胺法)、丙二醛(MDA)测定试剂盒(TBA 法)、谷胱甘肽过氧化物酶(GSH-PX)测定试剂盒(比色法)和谷胱甘肽(GSH)测定试剂盒(南京建成科技有限公司);小鼠白细胞介素-6(IL-6)和小鼠干扰素-α(IFN-α)酶联免疫试剂盒(ELISA)(上海鑫乐生物科技有限公司);Caspase 3 活性检测试剂盒、胰酶消化液(上海碧云天生物技术有限公司);BCA 蛋白定量试剂盒(北京康为世纪生物科技有限公司);其他同第 4 章 4.1.1.2 和第 6 章 6.1.1.2。

7.1.1.3 主要溶液的配置

PBS、MTT、细胞裂解液同第 6 章 6.1.1.5。

安石榴苷母液:准确称取安石榴苷 5 mg,溶于 5 mL 不含血清和双抗的 1640 培养基中,用滤膜(0.22 μm)过滤,于 4 ℃保存备用。

含庆大霉素(100 μg/mL)的 1640 培养基:准确称取庆大霉素 10 mg,溶于 10 mL 不含血清和双抗的 1640 培养基中,定容至 100 mL,0.22 μm 滤膜过滤后,于 4 ℃保存备用。

含庆大霉素(10 μg/mL)的 1640 培养基:准确称取庆大霉素 1 mg,溶于 10 mL 不含血清和双抗的 1640 培养基中,定容至 100 mL,0.22 μm 滤膜过滤后,于 4 ℃保存备用。

G-250 溶液配置:准确称取 G-250 100 mg,并溶于 50 mL 95%乙醇,再加入 120 mL 85%磷酸,最后用双蒸水定容至 1 000 mL。

格林试剂:准确称取磺胺 1.0 g,N-1-萘乙二胺盐酸盐 0.1 g,加适量双蒸水溶解,再取 2.94 mL(85%)的磷酸加入溶液中,用双蒸水定容至 100 mL,置于棕色瓶中,4 ℃保存备用。

7.1.1.4 菌株

鼠伤寒沙门氏菌 SL1344。

7.1.1.5 细胞

小鼠巨噬细胞细胞系 RAW264.7,购于中国科学院上海生科院细胞资源中心。

7.1.2 方法

7.1.2.1 菌液的制备

同第 6 章 6.1.2.1。

7.1.2.2 细胞培养与传代

巨噬细胞 RAW264.7 接种至细胞培养瓶(25 cm),并加入 7 mL RPMI-1640 培养基(含 10% FBS、100 U/mL 青霉素和 100 μg/mL 链霉素),在 CO_2 培养箱(37 ℃、5% CO_2)中培养,每 12 h 更换培养基 1 次。待细胞贴壁率为 80%~95%时,用无菌的 PBS 清洗细胞 1 次,加入胰酶(1.5 mL)消化 1.5 min,加入等体积的 1640 培养基终止消化,用移液器轻轻吹打使壁上的细胞脱落,以 1:5 比例接种于新的培养瓶中。取对数期生长的巨噬细胞进行细胞形态学观察并进行以下实验。

7.1.2.3 安石榴苷安全性的评估

(1)安石榴苷对 RAW264.7 细胞活性的影响

用 MTT 法测定安石榴苷对 RAW264.7 细胞活性的影响。RAW264.7 细胞消化后用 RPMI-1640 培养基稀释成浓度为 $1×10^5$/孔,并接种至 96 孔细胞培养板,每孔 150 μL,在培养箱(37 ℃、5% CO_2)中培养 12 h。弃去培养基,并加入不同浓度的安石榴苷(250、125、62.5、31.25、15.128 μg/mL),对照加入不含血清和双抗的 RPMI-1640 培养基,每组 5 个平行,在细胞培养箱(37 ℃、5% CO_2)中培养 12 h 或 24 h。轻轻吸取上清液并舍弃,每孔加入 100 μL 的 MTT 溶液,置于 37 ℃、5% CO_2 的环境下继续培养。4 h 后,弃去培养液,并向各孔加入 100 μL 的 DMSO,在低速摇床上(60 r/min)振荡 5 min。用酶标仪测定各孔于 570 nm 波长处的吸光度(OD 值)。

(2)安石榴苷对 RAW264.7 细胞形态的影响

RAW264.7 细胞经胰酶消化后,用 RPMI-1640 培养基稀释成浓度为 $1×10^5$ 个/孔,并接种至 96 孔细胞培养板。培养 12 h 后,分别加入不同浓度的安石榴苷(250、125、62.5、31.25、15.128、0 μg/mL)。将 96 孔培养板置于培养箱(37 ℃、5% CO_2)中培养 24 h。用倒置荧光显微镜观察细胞形态的变化并拍照。

7.1.2.4　安石榴苷对 RAW264.7 细胞吞噬功能的影响

(1)安石榴苷对 RAW264.7 细胞吞噬作用的影响

RAW264.7 细胞按浓度 $1×10^5$ 个/mL 接种至 6 孔细胞培养板中,每孔 1 mL,每组 2 个平行。在培养箱(37 ℃、5% CO_2)中培养 12 h 后,弃去培养基,并加入不同浓度的安石榴苷(125、62.5、31.25、15.128 μg/mL),对照组加入不含血清和双抗的 RPMI-1640 培养基,在细胞培养箱(37 ℃、5% CO_2)中培养 12 h。弃去上清液,每孔加入 500 μL 的沙门氏菌溶液,置于 37 ℃、5% CO_2 的环境下继续培养。1 h 后,弃去培养液,并用 PBS 洗 3 遍,然后加入 500 μL 的 1% Triton X-100 溶液。20 min 后,用无菌的 PBS 倍比稀释一系列浓度,取 100 μL 于 LB 固体培养基上并用涂布棒涂布均匀;在 37 ℃培养 12 h 后,观察平板上菌的生长情况,并进行计数。

(2)安石榴苷对沙门氏菌在 RAW264.7 细胞内生存情况的影响

RAW264.7 细胞按浓度 $1×10^5$ 个/mL 接种至 6 孔细胞培养板,每孔 1 mL,每组 2 个平行。在培养箱(37 ℃、5% CO_2)中培养 12 h 后,弃去培养基,并加入不同浓度的安石榴苷(125、62.5、31.25、15.128 μg/mL),对照加入不含血清和双抗的 RPMI-1640 培养基,在细胞培养箱(37 ℃、5% CO_2)中培养 12 h。弃去上清液,每孔加入 500 μL 的沙门氏菌溶液,置于 37 ℃、5% CO_2 的环境下继续培养 1 h。弃去培养液,并向各孔加入 500 μL 含庆大霉素(100 μg/mL)的 RPMI-1640 培养基,在 37 ℃、5% CO_2 的环境下培养 30 min。弃去培养液,并向各孔加入 500 μL 含庆大霉素(10 μg/mL)的 RPMI-1640 培养基;培养 2 h、4 h 和 8 h,弃去培养液,然后加入 500 μL 的 1% Triton X-100 溶液;20 min 后,用无菌的 PBS 倍比稀释成一系列浓度,分别取 100 μL 于 LB 固体培养基上并用涂布棒涂布均匀;在 37 ℃培养 12 h 后,观察平板上菌的生长情况,并进行计数。

7.1.2.5　安石榴苷对 RAW264.7 细胞免疫反应的影响

(1)沙门氏菌诱导 RAW264.7 细胞产生 NO

将 100 μL 的 RAW264.7 细胞悬液($1×10^5$ 个/mL)加入到 96 孔细胞培养板中,在 37 ℃、5% CO_2 下培养 12 h。弃去培养基,并加入不同浓度的安石榴苷(125、62.5、31.25、15.128、0 μg/mL),在细胞培养箱(37 ℃、5% CO_2)中培养 12 h。每组 5 个重复孔。然后,弃去上清液,每孔加入 500 μL 的沙门氏菌溶液,置于 37 ℃、5% CO_2 的环境下继续培养;1 h 后,弃去培养液,并向各孔加入 100 μL 含庆大霉素(100 μg/mL)的 RPMI-1640 培养基,在 37 ℃、5% CO₂ 的环境下继续培养 30 min。弃去培养液,并向各孔加入 100 μL 含庆大霉素(10 μg/mL)的 RPMI-1640 培养基;在 37 ℃、5% CO₂ 的环境下培养 24 h。吸取培养液,并用离心机(1 000 r/min)离心 5 min。取上清液并采用格林试剂法测定 NO 含量。

(2)RAW264.7 细胞炎症因子的分泌

细胞培养液的制备方法见 7.1.2.5。用 BCA 法测定上清液蛋白的浓度,并用 ELISA 试剂盒检测培养液中 IL-6 和 IFN-α 的含量。

(3)*iNOS* 和 *COX-2* 基因的表达

将 0.5 mL 的 RAW264.7 细胞悬液(1×10⁵个/mL)加入到 12 孔细胞培养板的各孔中,在 37 ℃、5% CO₂ 下培养 12 h。弃去培养基,并加入不同浓度的安石榴苷溶液(125、62.5、31.25、15.128、0 μg/mL),在细胞培养箱(37 ℃、5% CO₂)中培养 12 h。每组 2 个重复孔。弃去上清液,每孔加入 250 μL 的沙门氏菌溶液,置于 37 ℃、5% CO₂ 的环境下培养。1 h 后,弃去培养液,并向各孔加入 250 μL 含庆大霉素(100 μg/mL)的 RPMI-1640 培养基,并在 37 ℃、5% CO₂ 的环境下培养 30 min。弃去培养液,并向各孔加入 250 μL 含庆大霉素(10 μg/mL)的 RPMI-1640 培养基;在 37 ℃、5% CO₂ 的环境下培养 24 h。弃去培养液,并用 PBS 洗 3 次。然后,根据试剂盒的说明进行 RNA 的提取。反转录反应和荧光实时定量 PCR 反应等实验的方法参照第 4 章 4.1.2.3。所使用的 *iNOS* 和 *COX-2* 基因的 RT-PCR 引物见表 7-2。

表 7-2　实时荧光定量 RT-PCR 引物

基因	引物序列(5′-3′)
β-actin	F：AGAGGGAAATCGTGCGTGAC
	R：CAATAGTGATGACCTGGCCGT
iNOS	F：GGCAGCCTGTGAGACCTTTG
	R：GCATTGGAAGTGAAGCGTTTC
COX-2	F：TGAGTACCGCAAACG CTTCTC
	R：TGGACGAGGTTTTTCCACCAG

7.1.2.6　安石榴苷对 RAW264.7 细胞内 SOD、CAT、GSH、GSH-Px 和 MDA 的影响

RAW264.7 细胞按浓度 1×10⁵个/mL 接种至 6 孔细胞培养板,每孔 1 mL,每组 3 个平行。在培养箱(37 ℃、5% CO₂)中培养 12 h 后,弃去培养基,并加入不同浓度的安石榴苷(125、62.5、31.25、15.128 μg/mL),对照加入不含血清和双抗的 RPMI-1640 培养基,在细胞培养箱(37 ℃、5% CO₂)中培养 12 h。弃去上清液,每孔加入 500 μL 的沙门氏菌溶液,置于 37 ℃、5% CO₂ 下继续培养 1 h。弃去培养液,并向各孔加入 500 μL 含庆大霉素(100 μg/mL)的 RPMI-1640 培养基,在 37 ℃、5% CO₂ 下培养 30 min。弃去培养液,并向各孔加入 500 μL 含庆大霉素(10 μg/mL)的 RPMI-1640 培养基;培养 24 h 后,弃去培养液,用 PBS 洗 3 遍,加入 100 μL 的细胞裂解液;20 min 后,用移液器吹打板底,并放入到离心管中,在涡旋振荡仪上振荡 5 min,12 000 r/min 离心 5 min 后取上清。然后,利用 BCA 法测定上清液中蛋白质的含量;同时,按照试剂盒的说明对胞内 SOD、CAT 和 GSH-Px 的活性以及 GSH 和 MDA 的含量进行测定。

7.1.2.7　安石榴苷对沙门氏菌诱导的 RAW264.7 细胞凋亡的影响

（1）凋亡细胞的形态学观察

经胰酶消化后的 RAW264.7 细胞,接种于 6 孔细胞培养板中。12 h 后,加入不同浓度的安石榴苷溶液 1 mL。将培养板置于培养箱（37 ℃、5% CO_2）中培养。培养 12 h 后,吸去培养基,每孔加入 500 μL 沙门氏菌溶液,置于 37 ℃、5% CO_2 下继续培养 1 h。弃去培养液,并向各孔加入 500 μL 含庆大霉素（100 μg/mL）的 RPMI-1640 培养基,并在 37 ℃、5% CO_2 下培养 30 min。弃去培养液,并向各孔分别加入 500 μL 含庆大霉素（10 μg/mL）的 RPMI-1640 培养基;培养 24 h 后,取细胞培养的上清液,用于胞外 LDH 酶活的测定;同时用 PBS 洗细胞 1 遍,并用胰酶消化 1.5 min;然后加入等体积的培养基终止消化,用移液器轻轻吹打使壁上的细胞脱落。1 000 r/min 离心 5 min,弃去上清液,PBS 洗涤 1 次,弃上清液,在 4 ℃ 将细胞用 75% 乙醇固定 10 h;加入 DAPI（或 Hoechst 33342）（终浓度为 1 μg/mL）染液室温避光染色 10 min。采用倒置荧光显微镜观察各处理组细胞凋亡的情况。

（2）胞外 LDH 活性的测定

取上述的细胞培养液,1 000 r/min 离心 5 min;取上清用于 LDH 酶活的测定;同时,用 BCA 法测定上清液中蛋白质的含量。

（3）Caspase 3 活性的检测

RAW264.7 细胞接种至 6 孔细胞培养板。培养 12 h 后,弃去培养基,并加入不同浓度的安石榴苷,对照组中加入不含血清和双抗的 RPMI-1640 培养基,培养 12 h。弃培养液,每孔加入沙门氏菌溶液,继续培养 1 h。弃去培养液,并加入含庆大霉素（100 μg/mL）的 RPMI-1640 培养基,培养 30 min。弃去培养液,并加入含庆大霉素（10 μg/mL）的 RPMI-1640 培养基;培养 24 h 后,弃去培养液,PBS 洗涤贴壁细胞 1 遍,用胰酶消化并加入培养基终止消化,用移液器轻轻吹打使壁上的细胞脱落。低速离心并用 PBS 洗涤细胞 3 遍。按照 Caspase 3 活性检测试剂盒的说明提取蛋白并测定酶活。该试剂盒的原理是 Caspase（Cysteine-requiring Aspartate Protease）是细胞在凋亡过程中起重要作用的蛋白酶家族,Caspase 3 是细胞凋亡过程中的一个关键酶;Casepase 3 可以催化底物 Ac-DEVD-pNA（acetyl-Asp-Glu-Val-Asp p-nitroanilide）产生黄色的 pNA（p-nitroaniline）,从而可以通过测定吸光度来检测 Caspase 3 的活性。pNA 在 405 nm 附近有强吸收。

7.1.3　数据处理与分析

用统计软件 DPS7.05 进行数据分析,用 Duncan 氏法进行差异性分析,$P<0.05$ 为差异显著,$P<0.01$ 为差异极显著。所有实验重复 3 次,取其平均值,数据用平均值±标准差表示。

7.2　结果与分析

7.2.1　RAW264.7 细胞形态学特征

由图 7-1 可知,RAW264.7 细胞在 RPMI-1640 培养基中生长良好。细胞个体饱满,形态呈圆形或不规则多边形,含 1~2 个核,细胞胞体较小,细胞贴壁较好。说明 RAW264.7 细胞状态较好,可用于以下实验。

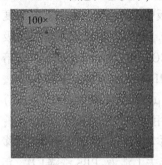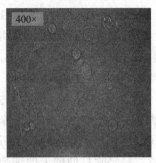

图 7-1　RAW264.7 细胞的形态学特征

7.2.2　安石榴苷的安全性

由图 7-2 可知,安石榴苷处理巨噬细胞 12 h 后,与对照组相比,250、125、62.5、31.25、15.625 μg/mL 处理组的细胞活性分别提高了 50.90%、88.46%、63.88%、62.51% 和 58.46%,与对照组具有极显著差异($P<0.01$);安石榴苷处理巨噬细胞 24 h 后,250、125、62.5、31.25、15.625 μg/mL 处理组的细胞活性分别是对照组的 131.15%、144.03%、143.80%、166.63% 和 124.10%,除 250 μg/mL 和 15.625 μg/mL 处理组外,其他处理组分别与对照组具有显著差异($P<0.05$)。表明,浓度为 250~15.625 μg/mL 的安石榴苷对 RAW264.7 细胞的增殖具有一定的促进作用;对于巨噬细胞 RAW264.7,安石榴苷的安全浓度范围为 0~250 μg/mL。

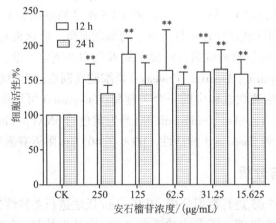

图 7-2　不同浓度的安石榴苷对巨噬细胞 RAW264.7 增殖的影响

巨噬细胞 RAW264.7 经安石榴苷(125、62.5、31.25、15.625 μg/mL)处理 24 h 后,以未加安石榴苷的细胞为对照,倒置显微镜下观察安石榴苷对 RAW264.7 细胞形态的影响,结果见图 7-3。

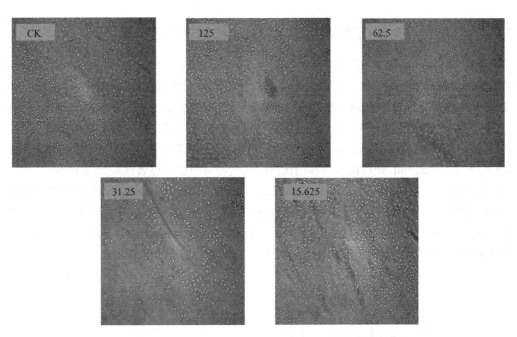

图 7-3　不同浓度的安石榴苷对巨噬细胞 RAW264.7 形态的影响(100×)

由图 7-3 可知,无论是对照组还是安石榴苷处理组,巨噬细胞 RAW264.7 细胞胞体都较小,细胞贴壁较好,个体饱满,形态规则,细胞膜完整,轮廓清晰,无悬浮细胞。说明,浓度为 15.625~125 μg/mL 的安石榴苷对 RAW264.7 细胞是无毒的,与上述 MTT 的结果一致。

7.2.3　安石榴苷对 RAW264.7 细胞吞噬作用的影响

不同浓度的安石榴苷对巨噬细胞 RAW264.7 吞噬沙门氏菌能力的影响如图 7-4 所示。可知,安石榴苷处理巨噬细胞 24 h 后,125、62.5、31.25、15.625 μg/mL 处理组吞噬细胞吞噬沙门氏菌的效率分别是对照组的 279.89%、221.20%、142.94% 和 181.52%; 125 μg/mL 和 62.5 μg/mL 处理组细胞吞噬沙门氏菌的效率与对照组有显著性差异 ($P<0.05$)。说明,安石榴苷能够增强巨噬细胞的吞噬作用。

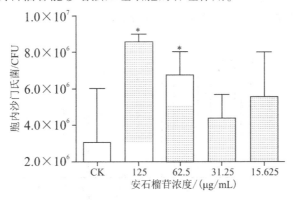

图 7-4　安石榴苷对巨噬细胞 RAW264.7 吞噬作用的影响

7.2.4 安石榴苷对沙门氏菌在 RAW264.7 细胞内存活的影响

由图 7-5 可知,当沙门氏菌感染巨噬细胞 2 h 时,浓度为 125、62.5、31.25、15.625 μg/mL 的安石榴苷处理组巨噬细胞胞内沙门氏菌的总量分别是对照组的 67.24%、70.14%、56.47% 和 97.55%;125、62.5、31.25 μg/mL 处理组胞内沙门氏菌的总量与对照组有显著性差异($P<0.05$)。当沙门氏菌感染巨噬细胞 4 h 时,浓度为 125、62.5、31.25、15.625 μg/mL 的安石榴苷处理组巨噬细胞胞内沙门氏菌的总量分别是对照组的 69.77%、66.28%、66.86% 和 82.56%;125、62.5、31.25 μg/mL 处理组胞内沙门氏菌的总量与对照组有显著性差异($P<0.05$)。当沙门氏菌感染巨噬细胞 8 h 时,浓度为 125、62.5、31.25、15.625 μg/mL 的安石榴苷处理组巨噬细胞胞内沙门氏菌的量分别是对照组的 58.82%、52.94%、52.94% 和 282.35%;与对照组相比,125、62.5、31.25 μg/mL 处理组胞内沙门氏菌的总量呈下降趋势。说明,安石榴苷能够增强巨噬细胞对沙门氏菌的消除作用,这可能与巨噬细胞的免疫功能有关。

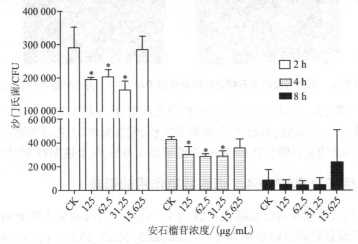

图 7-5 安石榴苷对沙门氏菌在巨噬细胞内生存情况的影响

7.2.5 安石榴苷对沙门氏菌诱导 RAW264.7 细胞产生 NO 的影响

安石榴苷对沙门氏菌诱导巨噬细胞 RAW264.7 产生 NO 的影响见图 7-6。

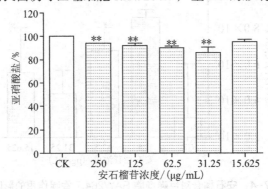

图 7-6 安石榴苷对沙门氏菌刺激巨噬细胞 RAW264.7 产生 NO 的影响

由图 7-6 可知,与对照组相比,不同浓度的安石榴苷(250、125、62.5、31.25、15.625 μg/mL)预处理 12 h 后上清液中 NO 的含量分别是 94.45%、92.44%、89.95%、87.51%、95.44%;浓度为 250、125、62.5、31.25、15.625 μg/mL 的安石榴苷处理组分别与对照组具有显著性差异($P<0.05$)。说明,安石榴苷可显著降低沙门氏菌诱导的 NO 生成。

7.2.6　安石榴苷对 RAW264.7 细胞内 *iNOS* 和 *COX-2* 基因表达的影响

由表 7-3 可知,浓度为 250、125、62.5、31.25 μg/mL 的安石榴苷处理组 *iNOS* 基因的相对表达量分别是对照组的 1.18、1.09、1.07、1.35 倍;浓度为 250、125、62.5、31.25 μg/mL 的安石榴苷处理组 *COX-2* 基因的相对表达量分别是对照组的 0.93、1.02、0.90、1.30;经差异性分析,无论是 *iNOS* 还是 *COX-2*,安石榴苷处理组与对照组无显著性差异($P\geqslant0.05$)。

表 7-3　安石榴苷对沙门氏菌感染细胞内 *iNOS* 和 *COX-2* 基因表达的影响

	安石榴苷浓度/(μg/mL)				
	0	250	125	62.5	31.25
iNOS	1	1.18±0.18	1.09±0.15	1.07±0.19	1.35±0.96
COX-2	1	0.93±0.10	1.02±0.13	0.90±0.04	1.30±0.37

7.2.7　安石榴苷对 RAW264.7 细胞分泌炎症因子的影响

由图 7-7 可知,空白组培养基中 IL-6 的含量较低,为 15.11 pg/(mL·prot)。经沙门氏菌感染 24 h 后,培养基中 IL-6 含量为 25.44 pg/(mL·prot),与空白组相比具有极显著性差异($P<0.01$)。不同浓度的安石榴苷(250、125、62.5、31.25 μg/mL)预处理 12 h 后,培养基中 IL-6 的含量显著降低($P<0.01$),且抑制作用随安石榴苷处理浓度的升高而增强。

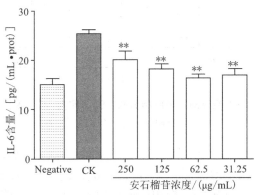

图 7-7　安石榴苷对巨噬细胞 RAW264.7 分泌 IL-6 的影响

注:＊＊与对照组相比,具有极显著差异。

由图 7-8 可知,空白组培养基中 IFN-α 的含量较低,为 36.57 pg/(mL·prot)。经沙门氏菌感染 24 h 后,培养基中 IFN-α 含量为 50.29 pg/(mL·prot),与空白组相比具有极显著性差异($P<0.01$)。不同浓度的安石榴苷(250、125、62.5、31.25 μg/mL)预处理 12 h 后,培养基中 IFN-α 的含量分别为 42.70、37.58、41.10、37.33 pg/(mL·prot),与沙门氏菌感染组相比具有极显著性差异($P<0.01$)。

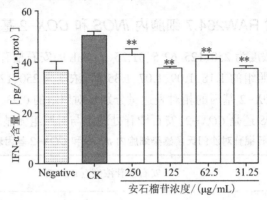

图 7-8　安石榴苷对巨噬细胞 RAW264.7 分泌 IFN-α 的影响

注:＊＊与对照组相比,具有极显著差异。

7.2.8　安石榴苷对 RAW264.7 细胞内 SOD、CAT、GSH、GSH-Px 和 MDA 的影响

安石榴苷对 RAW264.7 细胞内 SOD 活性的影响见图 7-9。

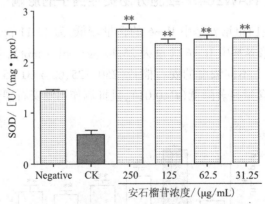

图 7-9　安石榴苷对巨噬细胞 RAW264.7 胞内 SOD 活性的影响

注:＊＊与对照组相比,具有极显著差异。

由图 7-9 可知,与阴性对照组相比,沙门氏菌感染组巨噬细胞内 SOD 的活性降低,有极显著差异($P<0.01$)。不同浓度的安石榴苷(250、125、62.5、31.25 μg/mL)预处理 12 h 后能不同程度地改善沙门氏菌对巨噬细胞所造成的 SOD 酶活的降低;经差异性分析,安石榴苷各处理组 SOD 酶活与沙门氏菌组(CK)有极显著差异($P<0.01$)。

由图 7-10 可知,与阴性对照组相比,沙门氏菌感染组巨噬细胞内 MDA 的含量升高,有极显著差异($P<0.01$)。安石榴苷(250、125、62.5、31.25 μg/mL)预处理 12 h 后,巨噬细胞内 MDA 的含量显著降低;经差异性分析,安石榴苷各处理组 MDA 的含量与沙门氏菌组(CK)有极显著差异($P < 0.01$)。

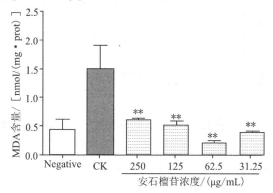

图 7-10　安石榴苷对巨噬细胞 RAW264.7 胞内 MDA 含量的影响

注:＊＊与对照组相比,具有极显著差异。

安石榴苷对 RAW264.7 细胞内 CAT 活性的影响见图 7-11。

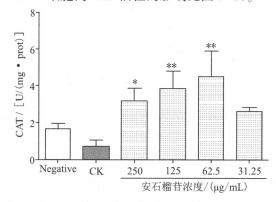

图 7-11　安石榴苷对巨噬细胞 RAW264.7 胞内 CAT 酶活的影响

注:＊与对照组相比,有显著差异;＊＊与对照组相比,有极显著差异。

由图 7-11 可知,沙门氏菌感染组巨噬细胞内 CAT 的活性降低,与阴性对照组相比具有显著差异($P<0.05$)。不同浓度的安石榴苷(250、125、62.5、31.25 μg/mL)预处理 12 h 后,巨噬细胞胞内 CAT 的活性显著增强;经差异性分析,浓度为 250、125、62.5 μg/mL 的安石榴苷处理组 CAT 的活性分别与沙门氏菌组(CK)有显著差异($P <0.05$)。

由图 7-12 可知,与阴性对照组相比,沙门氏菌感染组巨噬细胞内 GSH 的含量升高,有极显著差异($P<0.01$)。安石榴苷(250、125、62.5、31.25 μg/mL)预处理巨噬细胞 12 h 后,巨噬细胞内 GSH 的含量升高;经差异性分析,浓度为 250、125、62.5 μg/mL 的安石榴苷处理组分别与沙门氏菌组(CK)有极显著差异($P<0.01$)。

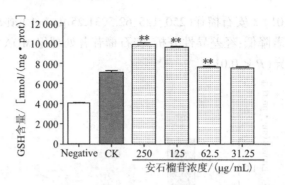

图 7-12　安石榴苷对巨噬细胞 RAW264.7 胞内 GSH 含量的影响

注：＊＊与对照组相比，具有极显著差异。

安石榴苷对巨噬细胞胞内 GSH-Px 酶活的影响见图 7-13。

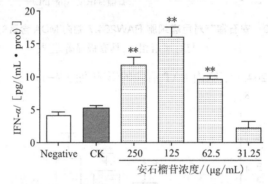

图 7-13　安石榴苷对巨噬细胞 RAW264.7 胞内 GSH-Px 活性的影响

注：＊＊与对照组相比，具有极显著差异。

由图 7-13 可知，与阴性对照组相比，沙门氏菌感染组巨噬细胞内 GSH-Px 的活性降低，无显著差异（$P \geqslant 0.05$）。安石榴苷（250、125、62.5、31.25 μg/mL）预处理 12 h 后，巨噬细胞 RAW264.7 胞内的活性增强；经差异性分析，浓度为 250、125、62.5 μg/mL 的安石榴苷处理组分别与沙门氏菌组（CK）有极显著差异（$P < 0.01$）。

7.2.9　安石榴苷对沙门氏菌诱导的巨噬细胞凋亡的影响

7.2.9.1　DAPI 染色后荧光显微镜观察细胞凋亡

DAPI，即 2-（4-Amidinophenyl）-6-indolecarbamidine dihydrochloride，是一种可以穿透细胞膜并和 DNA 结合的蓝色荧光染料；DAPI 和双链 DNA 结合后可以产生比自身强 20 多倍的荧光。安石榴苷对沙门氏菌诱导的巨噬细胞凋亡的影响如图 7-14 所示。可知，空白组巨噬细胞 RAW264.7 细胞核染色均匀，细胞核呈圆形或椭圆形，无明显皱缩；沙门氏菌感染组巨噬细胞细胞核染色体浓缩，呈碎块状致密浓染，染色分布不均匀；安石榴苷预处理 12 h 后，各浓度组细胞核染色均匀，无明显皱缩。

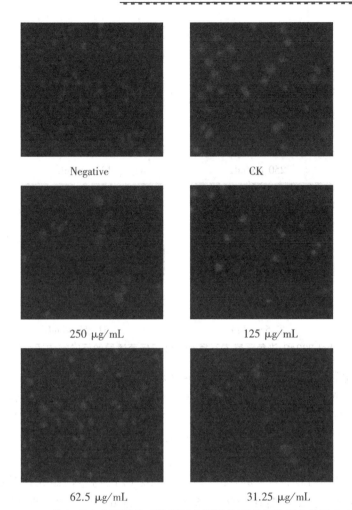

图 7-14　DAPI 染色观察安石榴苷对沙门氏菌诱导的巨噬细胞凋亡的影响（200×）

7.2.9.2　Hoechst 33342 染色后荧光显微镜观察细胞凋亡

Hoechst 33342,也称 bisBenzimide H 33342 或 HOE 33342(分子式为 $C_{27}H_{28}N_{60} \cdot 3HCl \cdot 3H_2O$,分子量为 615.99),是一种可以穿透细胞膜的蓝色荧光染料,对细胞的毒性较低。由图 7-15 可知,空白组细胞结构较清晰,细胞核染色均匀,无明显皱缩;沙门氏菌感染组巨噬细胞细胞核染色体浓缩,染色分布不均匀;安石榴苷预处理 12 h 后,各浓度组细胞核染色均匀,无明显皱缩。

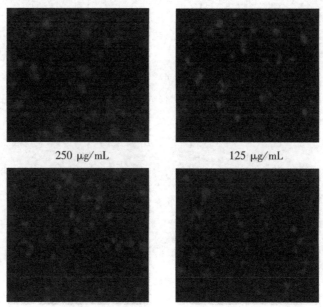

250 μg/mL   125 μg/mL

62.5 μg/mL   31.25 μg/mL

图 7-15　Hoechst 33342 染色观察安石榴苷对沙门氏菌诱导的巨噬细胞凋亡的影响（200×）

7.2.9.3　安石榴苷对沙门氏菌诱导 RAW264.7 释放 LDH 的影响

在凋亡或坏死的过程中，细胞的细胞膜结构会受到破坏，导致细胞浆内的酶释放到培养液里，其中包括乳酸脱氢酶（LDH）。LDH 酶活性较为稳定，因此，可以通过检测培养液中的 LDH 的活性，间接的反映细胞凋亡和坏死的情况。

由图 7-16 可知，空白组培养基中 LDH 的含量较低，为 174.39 U/L。经沙门氏菌感染 24 h 后，培养基中 LDH 的含量升高，为 1 599.52 U/L，与空白组相比具有显著性差异（$P<0.01$）。不同浓度安石榴苷（250、125、62.5、31.25 μg/mL）预处理 12 h 后培养基中 LDH 的含量降低，分别为 349.78、150.16、126.18、892.92 U/L，与沙门氏菌感染组相比具有显著性差异（$P<0.01$）。说明，沙门氏菌对巨噬细胞有一定的损伤作用，安石榴苷能够减轻沙门氏菌对巨噬细胞所造成的伤害。

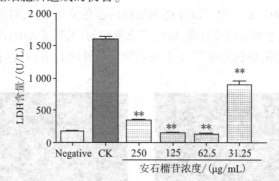

图 7-16　安石榴苷对沙门氏菌诱导的巨噬细胞 RAW264.7 泄漏 LDH 的影响

注：＊＊与对照组相比，具有极显著差异。

7.2.9.4　安石榴苷对 RAW264.7 胞内 Caspase-3 活性的影响

Caspase（Cysteine-requiring Aspartate Protease）是一个在细胞凋亡过程中起重要作用的蛋白酶家族。Caspase-3 属于 caspase 家族的 CED-3 亚家族（CED-3 subfamily），是细胞凋亡过程中的一个关键酶。在蛋白剪切、细胞核凋亡、细胞起泡等过程发生关键作用。安石榴苷对巨噬细胞 RAW264.7 Caspase-3 酶活的影响见图 7-17。

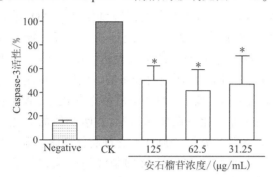

图 7-17　安石榴苷对巨噬细胞 RAW264.7 Caspase-3 酶活的影响

注：* 与对照组相比，具有显著差异。

由图 7-17 可知，空白组细胞内 Caspase-3 的活性较低，是沙门氏菌组酶活的 14.24%，与沙门氏菌组（CK）相比具有显著性差异（$P<0.05$）。不同浓度安石榴苷（125、62.5、31.25 μg/mL）预处理 12 h 后，巨噬细胞内 Caspase-3 活性降低，分别是沙门氏菌组的 50.25%、41.60% 和 47.10%，与沙门氏菌感染组相比具有显著性差异（$P<0.05$）。说明，安石榴苷可能是通过降低 Caspase 3 的活性来延缓沙门氏菌诱导的巨噬细胞的凋亡。

7.3　讨论

在传统医药中，石榴被用来治疗多种疾病，如腹泻、溃疡、癌症和糖尿病（Usta et al，2013；Al-Muammar and Khan，2012；Ismail et al，2012）。由于其良好的疗效，越来越多的研究者将目光集中到石榴中具体功效成分方面。研究表明，石榴的药理作用与其中所含有的多酚类物质的抗氧化和抗炎症作用等有关（Kaplan et al，2001；Aviram et al，2000）。安石榴苷为石榴中水解单宁的一种，是石榴皮中含量最高的多酚类物质，具有多种生理活性如抗炎、杀菌、抗病毒、抗氧化、减肥、保肝及抗癌等（Aqil et al，2012；Lee et al，2008；Kulkarni et al，2007）。本研究证明，一定浓度的安石榴苷能够增强巨噬细胞的活性，提高巨噬细胞吞噬并消除沙门氏菌的能力；而且，安石榴苷能够减轻沙门氏菌诱导的炎症反应，提高沙门氏菌感染细胞胞内抗氧化酶的活性；另外，安石榴苷能够延缓沙门氏菌诱导的巨噬细胞的凋亡。

巨噬细胞是一种具有多种功能的先天性免疫细胞，是机体免疫反应的重要组成部分。巨噬细胞具有多种免疫功能，包括吞噬、杀灭病原微生物；合成并分泌细胞因子（致炎因子和抗炎因子），参与炎症反应；处理或（和）清除损伤及衰老的细胞等。其中，非特异性吞噬作用是巨噬细胞参与免疫反应最重要环节。当致病菌等抗原性物质进入机体后，可被单核巨噬细胞识别，并迅速的吞噬和清除。巨噬细胞免疫功能的强弱可用其吞噬作用的强弱来反映（文秋嘉等，2008；Aderem and Underhill，1999）。研究表明，安石榴苷能够提高巨噬细胞吞噬并消除沙门氏菌的能力,这与其他天然产物(蕺菜水提物、广藿香水提物、猴头菇提取物、海藻盐、胡桃楸提取物、人参皂甙)增强巨噬细胞吞噬致病菌(沙门氏菌、铜绿假单胞菌和弓形虫)的结论一致,但作用机制不同(文秋嘉等,2008;吕梦捷等,2011;白丹等,2008;Kim et al,2012;Kim et al,2008)。Kim et al(2012b)研究表明,猴头菇的提取物能够增强巨噬细胞吞噬并清除沙门氏菌的能力,其作用机制是猴头菇的提取物通过提高 $iNOS$ 的基因表达从而促使巨噬细胞产生 NO,进而杀死胞内的沙门氏菌。这与安石榴苷的作用机制不一致。本研究证实安石榴苷能够降低感染沙门氏菌的巨噬细胞所产生的 NO 的量,同时 $iNOS$ 的基因表达无显著下降。原因可能是安石榴苷增强巨噬细胞对沙门氏菌的吞噬能力,而胞内较多的沙门氏菌抑制细胞 $iNOS$ 的表达及 NO 的生成。巨噬细胞的抗菌机制主要有:①氧化杀菌作用机制,活性氧中间体和氮源性氧化剂对菌体的杀伤作用;②非氧化杀菌作用机制,吞噬小体的酸化,溶酶体融合等;③通过其分泌的蛋白发生作用(陈裕充等,2006)。安石榴苷是通过哪一种机制来发挥杀菌作用的需进一步的证实。另外,安石榴苷能够抑制沙门氏菌诱导的 RAW264.7 细胞产生 NO,但其作用的分子机制还有待于进一步的研究。

脂多糖是革兰氏阴性菌细胞壁的主要成分,主要引起人类及动物的败血症等疾病(Alexander and Rietschel,2001;Raetz and Whitfield,2002)。巨噬细胞吞噬沙门氏菌后将沙门氏菌消除,沙门氏菌胞内的脂多糖就释放出来,引起巨噬细胞产生炎症反应。研究表明,安石榴苷抑制沙门氏菌诱导 RAW264.7 产生 IL-6 和 IFN-α,这与许多天然产物的抗炎作用一致(Wang et al,2012;Kwon et al,2013;Dilshara et al,2013)。Hwang et al(2014)研究表明,绿原酸能够抑制 LPS 诱导的巨噬细胞产生 NO,并减少 TNF-α、IL-1β 和 IL-6 等的释放。Kim et al(2013)观察到海藻的乙醇提取物能够减少 LPS 诱导的巨噬细胞炎症介质如 NO、$iNOS$、$COX-2$ 和炎症因子的表达,这与抑制 NF-κB、p65 信号通路有关。安石榴苷是通过何种类型的信号通路参与炎症反应目前还不是很清楚,需要进一步的研究。

先天性免疫对于控制大量致病菌所引起的早期感染是至关重要的,并且能够引起后天性免疫反应。然而,一些侵入型的致病菌如沙门氏菌能够延迟适应性免疫反应(Luu et al,2006;Albaghdadi et al,2009;Vidric et al,2006)。因此,利用机体免疫系统消除致病菌主要取决于先天性免疫系统。沙门氏菌能够快速引起巨噬细胞的死亡(Lindgren et al,1996)。研究表明,沙门氏菌主要引起肠上皮细胞的凋亡(Knodler and Finlay,2001)。另外,沙门氏菌能够引起巨噬细胞的焦亡(Brennan and Cookson,2000;Fink and Cookson,2007)。细胞焦亡是一种新的程序性细胞死亡方式,其主要特征为依赖于半胱天冬酶-1,并伴有大量炎症因子的产生;在感染性疾病和动脉粥样硬化性疾病等发挥重要作用(林静和李大主,2011)。沙门氏菌所引起的细胞焦亡对于沙门氏菌从肠道转移至器官是至关重要的(Monack et al,2000)。研究表明,通过激活炎性小体来消除巨噬细胞能够促使机体的生存(Lara-Tejero et al,2006;Raupach et al,2006)。巨噬细胞不允许沙门氏菌在胞内大量的繁殖;在感染的早期,如果通过坏死凋亡的方式消除巨噬细胞,巨噬细胞可能对沙门氏菌具有易感性,致使沙门氏菌在胞内进行大量的繁殖。另外,在巨噬细胞识别沙门氏菌为胞内的成分的漫长过程中,消除巨噬细胞对机体是有益的。巨噬细胞具有两面性,其角色取决于感染的阶段(Robinson et al,2012)。目前,关于沙门氏菌引起的巨噬细胞凋亡的机制还不清楚(见图7-

18)(Boise and Collins,2001)。研究表明,caspase-1 和 caspase-3 在沙门氏菌引起的巨噬细胞死亡的过程中发挥着重要的作用(Puri et al,2012;Chanana and Majumdar,2007)。Robinson et al(2012)认为沙门氏菌诱导巨噬细胞产生 IFN-α,IFN-α 促使巨噬细胞坏死性凋亡。研究表明,安石榴苷能够减少感染沙门氏菌的巨噬细胞产生 IFN-α,并降低胞内 Caspase-3 的活性。因此,我们认为,安石榴苷能够延缓沙门氏菌诱导的巨噬细胞的凋亡。

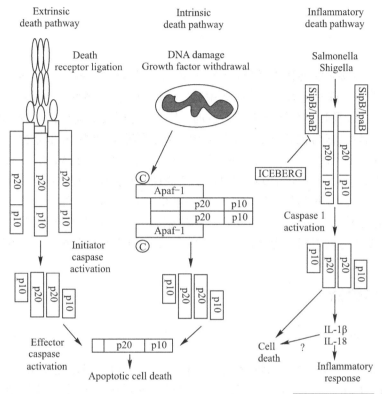

图 7-18　沙门氏菌诱导巨噬细胞凋亡的机制(Boise and Collins,2001)

7.4　小结

(1)浓度为 0~250 μg/mL 的安石榴苷对巨噬细胞 RAW264.7 是无毒性的。

(2)安石榴苷能够增强巨噬细胞吞噬沙门氏菌的作用;同时,安石榴苷还能够消除巨噬细胞内的沙门氏菌以及抑制沙门氏菌在胞内的生长。

(3)安石榴苷可显著影响感染了沙门氏菌的巨噬细胞分泌细胞因子 IL-6 和 IFN-α,降低巨噬细胞 NO 的合成,而其对 iNOS 和 COX-2 的基因表达无显著影响。

(4)安石榴苷能够提高感染了沙门氏菌的巨噬细胞胞内 SOD、CAT、GSH 和 GSH-Px 的活性,降低胞内 MDA 的含量。

(5)由 DAPI 和 Hoechst 33342 等染色的结果知,安石榴苷能够显著延缓沙门氏菌诱导的巨噬细胞的凋亡;同时,安石榴苷对感染了沙门氏菌的巨噬细胞胞内 Caspase-3 的活性有一定的抑制作用。

第 8 章 安石榴苷体内抗沙门氏菌感染的作用研究

石榴皮中含有多种活性物质,包括单宁类、黄酮类、生物碱及萜类等(Viuda-Martos et al,2010)。石榴皮在许多国家的传统医药中被广泛地用于治疗多种感染类疾病,如痢疾、腹泻、寄生虫感染以及呼吸系统感染等。目前,体外研究证实石榴皮提取物具有抑制多种食源性致病菌以及病毒的作用,如大肠杆菌、沙门氏菌、李斯特菌和金黄色葡萄球菌等,且抑菌作用主要归功于其所含的单宁类物质(董周永,2008;Machado et al,2003;Reddy et al,2007)。Choi et al(2011)通过动物实验证实石榴皮粗提物能够显著减少沙门氏菌感染小鼠的病理症状和降低沙门氏菌感染小鼠的死亡率。虽然石榴皮长期以来被广泛使用,但是对其中抗感染的主要成分和其抗感染的机制尚不明确。因此,本章以石榴皮单宁的主要成分安石榴苷为材料,通过动物模型探讨安石榴苷抗沙门氏菌感染的具体功效。

8.1 材料与仪器

8.1.1 主要试剂

安石榴苷(纯度≥98%)(成都曼思特生物科技有限公司);酶联免疫试剂盒(ELISA;IFN-γ,TNF-α,IL-6 和 IL-10)(上海鑫乐生物科技有限公司);木糖赖氨酸脱氧胆盐(XLD)培养基,大豆酪蛋白琼脂(TSA)培养基,LB 琼脂培养基,LB 肉汤培养基(北京陆桥技术有限责任公司);NaCl,KCl,$Na_2HPO_4 \cdot 12H_2O$,K_2HPO_4,甲醛(纯度 37%~40%)(分析纯)(四川西陇化工有限公司)。

BCA 蛋白定量分析试剂盒和 RNA 提取试剂盒 (Code No. CW0560)(北京康为世纪生物科技有限公司);反转录试剂盒(Code No. RR037A)[宝生物工程(大连)有限公司];SYBR 试剂盒(Code No. DRR820S)[宝生物工程(大连)有限公司]。

小鼠饲料(西安交通大学医学院实验动物中心);抗凝血真空采血管和促凝血真空采血管(河北鑫乐科技有限公司);氨苄青霉素(分析纯)(美国 AMERSO 公司);质粒提取试剂盒[天根生化科技(北京)有限公司];其他试剂均为分析纯。

8.1.2 主要仪器与设备

主要仪器见表 8-1。

表 8-1　主要仪器

仪器/设备	生产厂家
DGG-9140A 型电热恒温鼓风干燥箱	上海森信实验仪器有限公司
KQ5200DE 型数控超声波清洗器	昆山市超声仪器有限公司
RE-52AA 旋转蒸发器	上海亚荣生化仪器厂
超净工作台	北京亚泰科隆仪器技术有限公司
超纯水制造系统	成都越纯科技有限公司
AL204 电子天平	梅特勒-托利多仪器(上海)有限公司
细菌培养箱	上海福玛实验设备有限公司
分光光度计	美国 Biorad 公司
凝胶成像系统	上海培清科技有限公司
Model680 多孔酶标仪	美国 Biorad 公司
DY89-Ⅱ 电动玻璃匀浆机	宁波新芝生物科技股份有限公司
实时荧光定量 PCR(IQ5)	美国 Biorad 公司
其他	同 4.1.1.1

8.1.3　实验动物

SPF 级健康雄性 C57BL6 小鼠 60 只,体重 18~22 g,购于西安交通大学实验动物中心,生产合格证号 SCXK(陕)2012-003。

8.1.4　主要试剂配制

(1)生理盐水(0.9% NaCl):准确称取 NaCl 9.0 g,并溶于去离子水中,定容至 1 000 mL,高压灭菌,4 ℃保存备用。

(2)磷酸缓冲液(PBS):同第 6 章 6.1.1.5。

(3)安石榴苷溶液:准确称量安石榴苷 5 mg 和 2.5 mg,分别溶于 10 mL 0.9% NaCl 溶液中,过滤后 4 ℃保存备用。

(4)LB 肉汤:称取 25.0 g 于 1 L 蒸馏水中,加热煮沸至完全溶解,121 ℃高压灭菌 15 min,冷却后 4 ℃保存备用。

(5)LB 琼脂:称取 40.0 g 于 1 L 蒸馏水中,混匀并完全溶解,121 ℃高压灭菌 15 min,冷却至 45 ℃左右,摇匀,倾注平板。

(6)XLD:称取 58.9 g 于 1 L 蒸馏水中,加热煮沸灭菌,冷却至 55 ℃左右,摇匀,倾注平板。

(7)TSA:称取 30.0 g 于 1 L 蒸馏水中,混匀并完全溶解,121 ℃高压灭菌 15 min,冷却至 45 ℃左右,加 100 μL 氨苄青霉素至终浓度为 10 μg/mL,摇匀,倾注平板。

(8)10%甘油:取甘油 1 mL 加入 9 mL 蒸馏水中,混匀,121 ℃高压灭菌,冷却后 4 ℃保存备用。

8.1.5　菌株

鼠伤寒沙门氏菌 SL1344。

大肠杆菌 DH5α:含有绿色荧光蛋白质粒(该质粒含有耐氨苄青霉素的基因);由本实验保存。

8.2　实验方法

8.2.1　产荧光质粒的沙门氏菌的构建

8.2.1.1　荧光质粒的提取

（1）将 -80 ℃ 保存的大肠杆菌 DH5α 接种于 LB 琼脂上，于 37 ℃ 培养 12 h；然后，取 1~3 个菌落于 15 mL 无菌 LB 肉汤中，37 ℃ 培养 12 h。

（2）取 1~5 mL 菌液，加入离心管中，按照试剂盒的说明进行质粒的提取。该试剂盒的主要原理是采用碱裂解法裂解细胞，再通过离心吸附柱在高盐状态下特异性地结合溶液中的 DNA，进而获得所需的质粒。

（3）用琼脂糖凝胶电泳检测所获得的质粒的质量，并保存于 -80 ℃。

8.2.1.2　沙门氏菌感受态的制备

（1）用接种环挑取沙门氏菌单菌落，接种至含有 10 mL LB 肉汤的三角瓶中。

（2）37 ℃，120 r/min，培养 15 h。

（3）取菌液 0.5 mL，然后以 1:100 的比例加入 50 mL LB 肉汤中，37 ℃，120 r/min，培养 3 h，当 OD 值为 0.4 左右时，停止培养。

（4）取菌液 1 mL 于 1.5 mL 无菌的离心管中，并在冰上预冷 30 min，然后离心 5 min（4 ℃，12 000 r/min）。

（5）弃上清，1 mL 预冷水悬浮，4 ℃，12 000 r/min 离心 5 min。

（6）弃上清，重复一遍。

（7）弃上清，向离心管中加入 1 mL 预冷的、无菌的 10% 甘油，重悬菌体，于 4 ℃，12 000 r/min，离心 5 min。

（8）弃上清，取 1 mL 10% 的甘油（无菌的、预冷）放入离心管中，菌体悬浮后，将菌液以 300 μL/管分装于 1.5 mL 的无菌离心管中，-80 ℃ 冰箱中保存并备用。

8.2.1.3　电转化

（1）用无水乙醇清洗电击杯，于超净工作台吹干；将提取的质粒和电击杯置于冰上预冷。同时将 5 mL LB 肉汤于冰上预冷。

（2）从 -80 ℃ 冰箱中取出感受态细胞，置于冰上解冻。

（3）取 2 μL 质粒加入到 100 μL 感受态细胞中，混匀后用移液器转入电击杯中。

（4）打开电转仪，并放入电击杯。

（5）电转条件：电容 25 F，2.0 kV，时间 4 ms 和脉冲电阻 200 Q。按下 pulse 键，听到蜂鸣声后，迅速向电击杯中加入 900 μL 的 LB 肉汤，重悬细胞后，转移到 50 mL 的三角瓶中（含 LB 肉汤 4 mL 和终浓度为 50 μg/mL 的氨苄青霉素）。

（6）37 ℃，220 r/min，1 h。

（7）12 000 r/min，离心 5 min，弃上清，同时加入 100 μL LB 肉汤（含氨苄青霉素，终浓度为 50 μg/mL），悬浮后涂板（含氨苄青霉素），于培养箱中恒温（37 ℃）培养 16 h。

（8）用凝胶成像系统观察平板上菌的发光情况；挑取发光菌落，进一步的分离和纯化；所获得的产荧光质粒的沙门氏菌于 -80 ℃ 冰箱中保存备用。

8.2.2 产荧光质粒的沙门氏菌菌液制备

从含氨苄青霉素的 LB 琼脂培养基上挑取沙门氏菌单菌落,并接种于 LB 肉汤(含氨苄青霉素 50 μg/mL)中,在培养箱中(37 ℃)培养 12 h;然后,用无菌的 LB 肉汤将菌悬液调至吸光度($OD_{600 \text{ nm}}$)为 0.5(约为 1×10^8 CFU/mL)。

8.2.3 动物分组与处理

8.2.3.1 动物饲养

在温度为(23 ± 4)℃,相对湿度为 60% ~ 70%、12 h 光照交替的安静环境下饲养 C57BL6 小鼠(单笼单只)。小鼠自由饮水和摄取食物,垫料为干燥、洁净的细刨花;每天换水一次,每 7 天换垫料一次。

8.2.3.2 小鼠感染模型的建立

小鼠适应环境 7 天后,进行以下实验。60 只小鼠随机分成 4 组,即正常对照组(NS)、沙门氏菌组(Sal)、沙门氏菌+安石榴苷低剂量组(Sal+PC 250 μg/mL)和沙门氏菌+安石榴苷高剂量组(Sal+PC 500 μg/mL)。每组 15 只小鼠。首先,用灌胃针给小鼠灌胃 100 μL 的 5 mg/mL 的链霉素,共 3 天。第 4 天,绝食禁水 1 h 后,正常对照组灌胃 100 μL 的生理盐水,沙门氏菌组和安石榴苷低、高剂量组灌胃 100 μL 的沙门氏菌(稀释度为 10^7);1 h 后,正常对照组与沙门氏菌组灌胃 100 μL 的生理盐水,低、高剂量组分别灌胃 100 μL 的安石榴苷溶液,安石榴苷的浓度分别为 250 μg/mL 和 500 μg/mL。第 5 天及以后,正常对照组与沙门氏菌组灌胃 100 μL 的生理盐水,低、高剂量组分别灌胃 100 μL 的安石榴苷溶液(浓度分别为 250 μg/mL 和 500 μg/mL)。实验过程中,小鼠自由饮水、自由摄食。

8.2.4 动物样本的采集

沙门氏菌感染小鼠后的第 8 天,称重后,小鼠眼球取血并保存于促凝管和抗凝管中;同时,打开腹腔和胸腔,将肝脏、脾、肾脏和盲肠迅速取出并准确称量。所获得的样本用于以下指标的测定。

8.2.5 指标测定

8.2.5.1 小鼠的存活情况

在实验周期内,观察并记录各组小鼠每天的存活情况。

8.2.5.2 体重、饮水量和饮食量

每天小鼠灌胃之前,用天平称量小鼠的体重、水和食物的质量并记录。

8.2.5.3 粪便中菌含量

每天小鼠灌胃时,收集每只小鼠新鲜的粪便并称重,然后放于无菌的 1.5 mL 离心管中并运回实验室;首先,加入 1 mL 生理盐水浸泡使粪便溶解,然后用生理盐水倍比稀释,最后,取 100 μL 稀释液于 TSA(含氨苄青霉素)和 XLD 板上,用涂布棒涂布均匀,于 37 ℃恒温培养箱中培养 12 h。用凝胶成像系统观察 TSA 板上菌的发光情况并记录菌落数;同时,通过肉眼观察 XLD 板上黑色的菌落,并记录菌落数。

8.2.5.4 血生化

对血液样本离心(3 000 r/min)10 min,得到血清样本。用 Hitachi 7180 生化分析仪和 AVL9181 电解质分析仪测定血清中丙氨酸转氨酶(ALT)、天冬氨酸转氨酶(AST)、转氨酶比、总胆红素(T-Bil)、直接胆红素(D-Bil)、间接胆红素(I-Bil)、总蛋白(TP)、碱性磷酸酶(ALP)、尿素氮(BUN)、肌酐(Crea)、尿酸(UA)、乳酸脱氢酶(LDH)、钾(K)、钠(Na)和铜(Cu)等的含量。由杨凌康复医院完成。

8.2.5.5 血常规

用 Advia 120 全自动血细胞分析仪和 ACL 7000 全自动血液凝固分析仪检测血液中的红细胞数(RBC)、白细胞总数(WBC)及淋巴细胞、嗜碱性粒细胞、嗜中性粒细胞、嗜酸性粒细胞和单核细胞、血小板数(PLT)和血红蛋白含量(HB)等。由杨凌康复医院完成。

8.2.5.6 血清中炎症因子含量

用 ELISA 检测小鼠血清中 TNF-α、IL-6、IFN-γ 和 IL-10 的含量。按照试剂盒的说明进行操作(加样、洗涤、显色和测定等)并绘制标准曲线。根据标准曲线,计算血清中炎症因子的含量。

8.2.5.7 组织中炎症因子含量

将 -80 ℃ 保存的肝、脾和肾取出,在冰上解冻;然后,分别称取 20 mg 组织,加入 2 mL 预冷的磷酸缓冲液(PBS),在冰上用电动匀浆器匀浆 20 min,然后在 4 ℃、3 000 r/min 离心 10 min,取上清液作为待测样品。

用二喹啉甲酸(BCA)法测定蛋白浓度,其原理为:在碱性环境下蛋白质分子中的肽链结构能与 Cu^{2+} 络合生成络合物,同时将 Cu^{2+} 还原成 Cu^+。BCA 试剂可敏感特异地与 Cu^+ 结合,形成稳定的有颜色的复合物。在 562 nm 处有高的光吸收值,颜色的深浅与蛋白质浓度成正比,可根据吸收值的大小来测定蛋白质的含量。步骤如下:

(1)根据样本数计算 BCA 工作液的总量,将试剂 A 和试剂 B 按照 50∶1 的体积比,配制 BCA 工作液,充分混匀。

(2)取牛血清白蛋白(BSA)蛋白标准品(2 mg/mL),倍比稀释成 2~0 mg/mL 的标准品溶液;分别取 25 μL 标准蛋白溶液到 96 孔板中;同时,取 25 μL 样本分别加到 96 孔板孔中;每个测定的样本做 2 个平行反应。

(3)充分混匀,盖上 96 孔板盖,37 ℃ 孵育 30 min;用酶标仪在 570 nm 下测定每个样品及 BSA 标准品吸光值,做好记录。

(4)绘制标准曲线,计算样品中的蛋白浓度。

按照 ELISA 试剂盒的说明进行操作并绘制标准曲线。根据标准曲线,计算样本中炎症因子的含量;然后将样本中炎症因子含量除以各样品的蛋白浓度,即"pg/protein",各炎症因子的含量表示为 pg/protein。

8.2.5.8 脏器指数

取出肝脏、脾脏和肾脏后,剔除多余组织,同时用生理盐水漂洗,滤纸吸干组织表面水分后,用精密电子天平称重,计算各脏器系数。

$$脏器系数(g/100\ g) = \frac{脏器湿重(g)}{体重(g)} \times 100$$

8.2.5.9 RT-PCR

(1)RNA 提取。将 -80 ℃ 保存的样品(肝和脾)取出并置于冰上;称取 30 mg 样品,迅速放入预冷的研钵中,并加入液氮进行研磨。然后,按照试剂盒的说明进行 RNA 的提取。用微量核酸蛋白测定仪测定 RNA 的 OD_{260}/OD_{280},判定 RNA 的浓度和纯度。

(2)反转录反应。首先,将提取的 RNA 调成一致;然后,用 TaKaRa PrimeScript™ RT reagent Kit(Perfect Real Time)反转录试剂盒将总 RNA 反转录为 cDNA 并保存于-80 ℃ 冰箱。反应体系如表 8-2 所示。

表 8-2　反转录反应体系

试剂	使用量	终浓度
5 × PrimeScript ⓒ Buffer(for Real Time)	2 μL	1 ×
PrimeScript ⓒ RT Enzyme Mix I	0.5 μL	
Oligo dT Primer(50 μmol/L)	0.5 μL	25 pmol
Random 6 mers(100 μmol/L)	0.5 μL	50 pmol
Total RNA	2.5 μL	
RNase Free dH₂O up to	10 μL	

注意:反应液配制时,需在冰上进行并用无 RNAase 的枪头、离心管和八连管等。

在 PCR 上进行反转录反应,反应条件为:37 ℃、15 min(反转录反应);85 ℃、5 s(反转录酶的失活反应)。

(3)实时荧光定量 PCR。根据 Cho et al(2011)报道的 TNF-α、IL-1β、IL-6 和 β-actin引物序列,由南京金斯瑞生物科技有限公司合成引物。

TNF-α:5-AGCACAGAAAGCATGATCCG-3(forward),

　　　5-CTGATGAGAGGGAGGCCATT-3(reverse);

IL-1β:5-ACCTGCTGGTGTGTGACGTT-3(forward),

　　　5-TCGTTGCTTGGTTCTCCTTG-3(reverse);

IL-6:5-GAGGATACCACTCCCAACAGACC-3(forward),

　　　5-AAGTGCATCATCGTTGTTCATACA-3(reverse);

β-actin:5-ATCACTATTGGCAACGAGCG -3(forward),

　　　　5-TCAGCAATGCCTGGGTACAT-3(reverse)。

荧光定量 PCR 在伯乐 IQ5 上进行。反应体系如表 8-3 所示。

表 8-3　荧光定量 PCR 反应体系

试剂	使用量	终浓度
SYBR ⓒ Premix Ex Taq(Tli RNaseH Plus)(2×)	12.5 μL	1 ×
PCR Forward Primer(10 μmol/L)	0.5 μL	0.2 μmol/L
PCR Reverse Primer(10 μmol/L)	0.5 μL	0.2 μmol/L
DNA 模板	2.0 μL	
dH₂O(灭菌蒸馏水)	9.5 μL	
Total	25.0 μL	

注意:配制反应液时,需在冰上进行。

反应条件为:95 ℃ 预变性 30 s;95 ℃ 5 s,60 ℃ 30 s,72 ℃ 40 s,40 个循环;95 ℃ 15 s,60 ℃ 30 s,71 个循环。

所有样品三个平行,并以 β-actin 基因作为内参,采用 $2^{-\Delta\Delta Ct}$ 法分析基因的相对表达量。

8.2.5.10　组织 HE 切片观察

小鼠肝、脾、肾等样本在 4% 甲醛溶液中固定 7 天。病理切片由杨凌示范区医院完成。步骤大致为水洗、梯度酒精脱水(50%~100%)、石蜡包埋、二甲苯透明、切片、常规苏木精-伊红(HE)染色(脱蜡、水化和染色)、中性树胶封片。切片制作完成后,在显微镜下观察各样本的组织病理学变化并由显微镜上的 CCD 拍照记录。

8.2.5.11　组织中菌的含量

小鼠的腹腔和胸腔被打开后,迅速取出肝、脾和肾等样品,在无菌环境下,称取部分样品并放于 1.5 mL 无菌离心管中;样品在碎冰中保存并运回实验室。首先,用按 1∶10 的比例加入无菌的生理盐水,并在冰上用电动匀浆器匀浆 5 min,然后用生理盐水稀释一定倍数后,取 100 μL 稀释液于 TSA(含氨苄青霉素)和 XLD 板上,用涂布棒涂布均匀,于 37 ℃ 恒温培养箱中培养 12 h。用凝胶成像系统观察 TSA 板上菌的发光情况并记录发光菌落的总数;同时,通过肉眼观察 XLD 板上黑色的菌落,并记录菌落数。

8.2.6　数据统计与分析

用 DPS7.05 统计软件进行数据处理与分析,数据用平均值±标准差表示;采用 Duncan 新复极差法进行差异性分析,$P<0.05$ 表示差异显著,$P<0.01$ 表示差异极显著。

8.3　结果与分析

8.3.1　重组沙门氏菌的发光情况

由图 8-1 可知,于 LB 固体培养基(含氨苄青霉素)上过夜培养的重组沙门氏菌菌落呈绿色,说明 GFP 已经成功转入沙门氏菌胞内,并能够稳定的表达,因此,该重组沙门氏菌可满足实验的需要。

图 8-1　在 LB 琼脂培养基培养的沙门氏菌(含 GFP 质粒)

8.3.2　安石榴苷对沙门氏菌感染小鼠饮水量、饮食量和体重的影响

各处理组小鼠体重、饮食量和饮水量的变化见图 8-2。

图 8-2(a)为实验期间各处理组小鼠体重的变化情况。可知,在 8 天内,正常组小鼠的体重是增加的,而沙门氏菌组和 PC 低剂量组(250 μg/mL)的小鼠体重是下降的。在第 7 天,正常组小鼠的体重平均为 22.05 g,与初始体重(第 0 天)(20.95 g)相比具有显著性差异性($P<0.05$);沙门氏菌组的体重为 18.10 g,与初始体重(20.62 g)相比有显著性差异($P<0.01$);PC 低剂量组(250 μg/mL)的体重为 17.64 g,与第 0 天的体重(20.24 g)相比有显著性差异($P<0.01$);而 PC 高剂量组(500 μg/mL)的体重为 19.37 g,与初始体重(20.96 g)相比不具有差异性($P\geqslant0.05$)。

图 8-2(b)为实验 8 天内各处理组小鼠饮食量的变化情况。可知,在 1~3 天内,各处理组小鼠的饮食量是逐渐下降的,且各组的饮食量无显著差异。在第 4~7 天内,正常组小鼠的日均饮食量为 4.48 g,第 4 天和第 7 天的饮食量无明显变化;正常组小鼠在第 4~7 天内的日均饮食量显著高于其他三组;PC 高剂量组(500 μg/mL)小鼠的日均饮食量为 3.92 g,高于沙门氏菌组(3.47 g/天)和 PC 低剂量组(250 μg/mL)(3.20 g/天),而沙门氏菌组和 PC 低剂量组(250 μg/mL)小鼠的饮食量变化趋势一致,无显著性差异($P\geqslant0.05$)。

实验期间各组小鼠饮水量的变化如图 8-2(c)所示。可知,在实验期间,沙门氏菌组小鼠日均饮水量高于正常组、PC 低剂量组(250 μg/mL)和高剂量组(500 μg/mL),而正常组、PC 低剂量组(250 μg/mL)和高剂量组(500 μg/mL)的小鼠饮水量变化趋势一致,且每天的饮水量无显著性差异($P\geqslant0.05$)。在第 7 天,正常组小鼠的饮水量平均为 14.34 g,沙门氏菌组的饮水量平均为 23.83 g,PC 低剂量组(250 μg/mL)的饮水量平均为 16.23 g,PC 高剂量组(500 μg/mL)的饮水量平均为 14.42 g;正常组、PC 低剂量组(250 μg/mL)和高剂量组(500 μg/mL)的饮水量分别与沙门氏菌组有显著性差异($P<0.05$)。

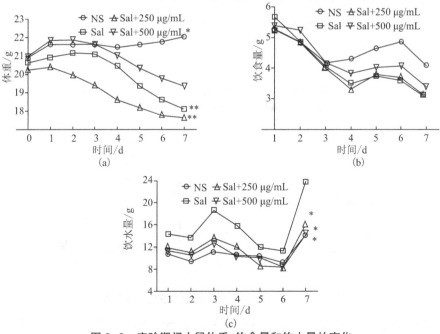

图 8-2　实验期间小鼠体重、饮食量和饮水量的变化

8.3.3　安石榴苷对沙门氏菌感染小鼠生存曲线的影响

由图 8-3 可知,在实验期间,正常组小鼠死亡 0 只,而沙门氏菌组小鼠死亡 8 只、PC 低剂量组(250 μg/mL)死亡 7 只,而高剂量组(500 μg/mL)仅为 3 只。对于沙门氏菌组,在第 2、4、5、6 天小鼠死亡各 1 只,在第 7 天和第 8 天小鼠死亡各 2 只。对于 PC 低剂量组(250 μg/mL),小鼠在第 4 和 5 天各死亡 1 只,在第 7 天死亡 2 只,而在第 8 天死亡 3 只。对于高剂量组(500 μg/mL),第 4 天死亡 1 只,第 7 天死亡 2 只。在实验期间,高剂量组(500 μg/mL)小鼠死亡的总数与沙门氏菌组或 PC 低剂量组(250 μg/mL)有显著性差异($P<0.05$),而沙门氏菌组小鼠死亡的总数与 PC 低剂量组(250 μg/mL)死亡的总数差异不明显($P\geqslant0.05$)。

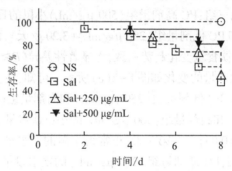

图 8-3　各处理组小鼠的生存曲线

8.3.4　安石榴苷对小鼠粪便中沙门氏菌总量的影响

实验期间各处理组小鼠粪便中沙门氏菌的量如图 8-4 所示。

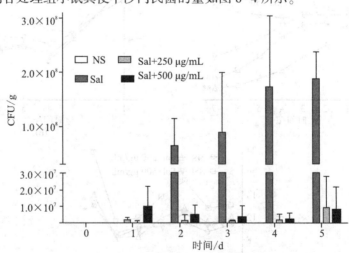

图 8-4　实验期间各组小鼠粪便中沙门氏菌的量

由图 8-4 可知,在实验的周期内,正常组小鼠粪便中没有检测到沙门氏菌的存在;沙门氏菌组小鼠粪便中的沙门氏菌的量从第 1 天的 1.99×10^6 CFU/g 增加到第 5 天的 1.89×10^8 CFU/g;PC 低剂量组(250 μg/mL)小鼠粪便中的沙门氏菌的量从第 1 天的 $5.15\times$

10^5 CFU/g 增加到第 5 天的 9.38×10^6 CFU/g;PC 高剂量组(500 μg/mL)小鼠粪便中的沙门氏菌的量从第 1 天的 9.83×10^6 CFU/g 减少到第 5 天的 8.17×10^6 CFU/g。除第 1 天外,在第 2、3、4 或 5 天,沙门氏菌组小鼠粪便中沙门氏菌的总量与 PC 低剂量组(250 μg/mL)或高剂量组(500 μg/mL)小鼠粪便中沙门氏菌的总量有显著性差异($P<0.05$)。

8.3.5　安石榴苷对小鼠肝、脾和肾中沙门氏菌总量的影响

图 8-5(a)为正常组、沙门氏菌感染组和 PC 干预组小鼠肝中沙门氏菌的总量。可知,沙门氏菌感染组小鼠肝脏中沙门氏菌的平均含量为 5.21×10^6 CFU/g,而 PC 低剂量组(250 μg/mL)和高剂量组(500 μg/mL)小鼠肝脏中沙门氏菌的平均含量分别为 1.42×10^6 CFU/g 和 1.27×10^6 CFU/g。PC 低剂量组(250 μg/mL)和高剂量组(500 μg/mL)小鼠肝脏中沙门氏菌的平均含量分别与沙门氏菌感染组小鼠肝脏中沙门氏菌的平均含量有显著性差异($P<0.05$)。

图 8-5(b)为正常组、沙门氏菌感染组和 PC 干预组小鼠脾中沙门氏菌的总量。可知,沙门氏菌感染组小鼠脾中沙门氏菌的含量平均为 2.64×10^7 CFU/g,而 PC 低剂量组(250 μg/mL)和高剂量组(500 μg/mL)小鼠脾中沙门氏菌的总量平均为 8.00×10^6 CFU/g 和 5.56×10^6 CFU/g。PC 低剂量组(250 μg/mL)和高剂量组(500 μg/mL)小鼠脾中沙门氏菌的平均含量分别与沙门氏菌感染组小鼠脾中沙门氏菌的平均含量有极显著差异($P<0.01$)。

图 8-5(c)为正常组、沙门氏菌感染组和 PC 干预组小鼠肾中沙门氏菌的总量。可知,沙门氏菌感染组小鼠肾脏中沙门氏菌的平均含量为 3.92×10^6 CFU/g,而 PC 低剂量组(250 μg/mL)和高剂量组(500 μg/mL)小鼠肾脏中沙门氏菌的平均含量分别为 2.44×10^6 CFU/g 和 3.83×10^5 CFU/g。PC 低剂量组(250 μg/mL)小鼠肾脏中沙门氏菌的平均含量与沙门氏菌感染组小鼠肾脏中沙门氏菌的平均含量无显著差异($P\geqslant0.05$);而 PC 高剂量组(500 μg/mL)小鼠肾脏中沙门氏菌的平均含量与沙门氏菌感染组小鼠肾脏中沙门氏菌的平均含量有显著性差异($P<0.05$)。

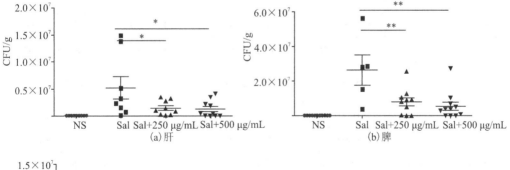

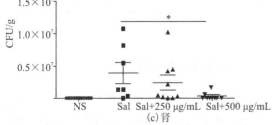

图 8-5　正常组和沙门氏菌感染组小鼠肝、脾和肾中沙门氏菌的量

8.3.6　安石榴苷对沙门氏菌感染小鼠血液生化指标的影响

在沙门氏菌感染的第 8 天,对各处理组小鼠进行眼球取血,对血生化指标进行测定,结果见表 8-4。可知,与正常组相比,沙门氏菌组小鼠血液中 ALT、AST、TBIL、BUN、Ua、LDH 等含量升高,而 ALP、Crea、TP 等含量下降;安石榴苷干预 7 天后,小鼠血生化指标有所改善,尤其是灌胃安石榴苷浓度为 500 μg/mL 组;经差异性分析,安石榴苷高浓度(500 μg/mL)组血生化指标如 ALT、AST、LDH 等与沙门氏菌组具有显著性差异($P<0.05$)。另外,正常组、沙门氏菌组和安石榴干预组小鼠血液中的钾(K)、钠(Na)和铜(Cu)等离子含量无明显差异($P\geqslant0.05$)。

表 8-4　安石榴苷对感染沙门氏菌的小鼠血生化指标的影响

参数	单位	组别			
		NS	*Sal*	*Sal*+250/(μg/mL)	*Sal*+500/(μg/mL)
丙氨酸转氨酶(ALT)	U/L	69.75±7.89	847.33±96.41++	796.50±33.50++	527.67±22.84 * * ++
天冬氨酸转氨酶(AST)	U/L	313.25±23.60	1221.33±77.67++	1 044.00±27.00 * ++	832.00±29.61 * * ++
总胆红素(TBIL)	μmol/L	10.08±0.34	13.33±2.03+	9.15±0.35 *	10.23±1.00
总蛋白(TP)	g/L	73.50±1.19	62.67±3.76	58.50±0.5+	61.00±5.57+
碱性磷酸酶(ALP)	U/L	166.25±6.42	99.67±14.52+	67.50±7.50++	116.33±27.74
尿素氮(BUN)	mmol/L	10.04±0.53	17.39±4.27	12.62±2.98	11.96±0.41
肌酐(Crea)	μmol/L	61.20±2.03	47.67±2.85	52.00±4.00	57.67±6.67
尿酸(Ua)	μmol/L	119.20±7.97	266.67±23.85++	270.50±9.50++	198.33±36.33+
乳酸脱氢酶(LDH)	U/L	1 686.00±118.76	3 973.33±525.51++	2 526.00±456.00 * *	2 091.75±216.52 * *
钾(K)	mmol/L	6.07±0.10	5.65±0.08	5.99±0.24	5.68±0.33
钠(Na)	mmol/L	149.30±0.93	150.33±1.45	153.50±1.3	153.10±1.90
铜(Cu)	mmol/L	26.43±0.64	26.70±0.49	26.10±0.7	26.87±0.20

注:+表示与正常组相比有显著性差异; * 表示与沙门氏菌组相比有显著性差异。

8.3.7　安石榴苷对沙门氏菌感染小鼠血液常规指标的影响

沙门氏菌感染的第 8 天,采集各处理组小鼠的血液,并进行血常规各项指标的测定,结果见表 8-5。可知,与正常组相比,沙门氏菌组小鼠血液中 WBC、NEUT、LYMPH、EO、BASO 等含量下降,而 MONO 等含量升高;小鼠经安石榴苷干预 7 天后,安石榴苷组,尤其是浓度为 500 μg/mL 的安石榴苷组,小鼠血常规指标 WBC、NEUT、LYMPH、EO、BASO 等含量升高,而 MONO 等含量降低;与沙门氏菌组相比,安石榴苷高浓度(500 μg/mL)组血常规指标如 NEUT、LYMPH、EO 等有显著性差异($P<0.05$)。另外,正常组、沙门氏菌组、和安石榴苷干预组小鼠血液中的 RBC 含量无显著性差异($P\geqslant0.05$)。

表 8-5　安石榴苷对沙门氏菌感染小鼠血常规的影响

参数	单位	组别		
		NS	*Sal*	*Sal*+250/(μg/mL)	*Sal*+500/(μg/mL)
白细胞数(WBC)	10^3/cm	9.53±1.24	2.79±0.51++	3.98±1.37++	4.17±0.16++
红细胞数(RBC)	10^6/cm	10.86±0.37	9.49±0.26	8.23±0.14++	9.05±0.58+
中性粒细胞绝对值(NEUT)	10^9/L	0.32±0.01	0.16±0.02++	0.25±0.01 * +++	0.30±0.01 * *
淋巴细胞绝对值(LYMPH)	10^9/L	5.56±0.34	1.5±0.27++	2.24±0.22++	3.06±0.27 * ++
单核细胞绝对值(MONO)	10^9/L	0.06±0.01	0.75±0.02+	0.53±0.23	0.41±0.18
嗜酸性粒细胞绝对值(EO)	10^9/L	0.51±0.03	0.02±0.01+	0.08±0.01+	0.39±0.16 *
嗜碱性粒细胞绝对值(BASO)	10^9/L	0.56±0.09	0.03±0.02++	0.02±0.01++	0.09±0.05++

注:+ 表示与正常组相比有显著性差异;* 表示与沙门氏菌组相比有显著性差异。

8.3.8　安石榴苷对沙门氏菌感染小鼠血清中炎症因子的影响

图 8-6(a)为正常组、沙门氏菌组和安石榴苷干预组小鼠血清中炎症因子 IL-6 的含量。可知,正常组小鼠血清中 IL-6 的含量平均为 42.02 pg/mL,而沙门氏菌感染 7 天后,小鼠血清中 IL-6 的含量平均为 82.35 pg/mL;感染沙门氏菌的小鼠经安石榴苷(250 μg/mL 和 500 μg/mL)干预 7 天后,小鼠血清中 IL-6 的平均含量分别为 75.92 pg/mL 和 64.53 pg/mL。经差异性分析,安石榴苷(500 μg/mL)干预组小鼠血清中 IL-6 的含量与沙门氏菌感染组有显著性差异性($P<0.05$)。

安石榴苷对沙门氏菌感染小鼠血清中炎症因子 IFN-γ 的影响如图 8-6(b)所示。可知,正常组小鼠血清中 IFN-γ 的含量平均为 138.54 pg/mL,沙门氏菌感染组小鼠血清中 IFN-γ 的含量平均为 191.73 pg/mL,而感染沙门氏菌的小鼠经安石榴苷(250 μg/mL 和 500 μg/mL)干预后,小鼠血清中 IFN-γ 的含量分别为 75.92 pg/mL 和 126.26 pg/mL。安石榴苷(250 μg/mL 和 500 μg/mL)干预组小鼠血清中 IFN-γ 的含量分别与沙门氏菌感染组有显著性差异($P<0.05$)。

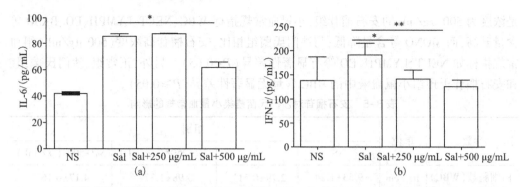

图8-6 安石榴苷对沙门氏菌感染小鼠血液中 IL-6(a)和 IFN-γ(b)含量的影响

图 8-7 为安石榴苷对沙门氏菌感染小鼠血清中抗炎因子 IL-10 和致炎因子 TNF-α 含量的影响。对于 IL-10,正常组、沙门氏菌感染组、安石榴苷低剂量组(浓度为 250 μg/mL)和安石榴苷高剂量组(浓度 500 μg/mL)组小鼠血清中 IL-10 的含量分别为 103.28 pg/mL、162.89 pg/mL、142.29 pg/mL 和 161.99 pg/mL。安石榴苷(250 μg/mL 和 500 μg/mL)干预组小鼠血清中 IL-10 的含量与沙门氏菌感染组有极显著差异性($P<0.01$)。对于 TNF-α,沙门氏菌感染小鼠 7 天后,正常组、沙门氏菌组、安石榴苷组(浓度分别为 250 μg/mL 和 500 μg/mL)小鼠血清中 TNF-α 的含量分别为 51.73 pg/mL、140.73 pg/mL、71.32 pg/mL 和 73.67 pg/mL。安石榴苷(250 μg/mL 和 500 μg/mL)干预组小鼠血清中 TNF-α 的含量与沙门氏菌感染组有极显著差异性($P<0.01$)。

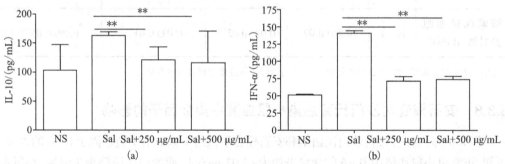

图8-7 安石榴苷对沙门氏菌感染小鼠血液中 IL-10(a)和 TNF-α(b)含量的影响

8.3.9 安石榴苷对沙门氏菌感染小鼠肝和脾中炎症因子的影响

由图 8-8(a)可知,沙门氏菌感染小鼠 7 天后,正常组、沙门氏菌组、安石榴苷(浓度分别为 250 μg/mL 和 500 μg/mL)组小鼠肝中 IL-6 的含量分别为 50.56 pg/mL、66.88 pg/mL、57.14 pg/mL 和 53.57 pg/mL;经差异性分析,各处理组小鼠肝脏中 IL-6 的含量无显著性差异($P \geqslant 0.05$)。而脾中正常组、沙门氏菌组、安石榴苷(浓度分别为 250 μg/mL 和 500 μg/mL)组小鼠 IL-6 的含量分别为 69.00 pg/mL、105.70 pg/mL、89.37 pg/mL 和 65.60 pg/mL;安石榴苷(500 μg/mL)组小鼠脾中 IL-6 的含量与沙门氏菌感染组有显著性差异($P<0.05$)。

由图 8-8(b)可知,小鼠感染沙门氏菌 7 天后,正常组、沙门氏菌组、安石榴苷(浓度分别为 250 μg/mL 和 500 μg/mL)组小鼠肝中 IL-6 的平均含量分别为 59.12 pg/mL、68.00 pg/mL、71.98 pg/mL 和 52.30 pg/mL,肝中 IFN-α 的平均含量分别为 72.85 pg/mL、91.46 pg/mL、89.53 pg/mL 和 61.11 pg/mL;方差分析的结果知,4 个处理组之间小鼠肝中 IFN-α 的含量无显著性差异($P \geqslant 0.05$);而安石榴苷(500 μg/mL)组小鼠脾中 IFN-α 的含量与沙门氏菌感染组有极显著差异($P < 0.01$)。

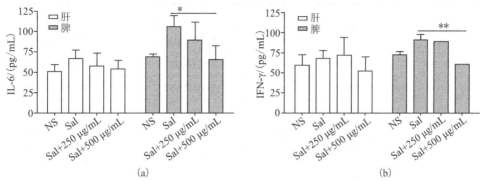

图 8-8　安石榴苷对沙门氏菌感染小鼠肝和脾中 IL-6(a)和 IFN-α(b)含量的影响

图 8-9 为安石榴苷对感染沙门氏菌的小鼠肝和脾中 IL-10 和 TNF-α 含量的影响。对于肝中的 IL-10 和 TNF-α,正常组的含量分别为 136.56 pg/mL 和 58.81 pg/mL,沙门氏菌组的含量分别为 123.74 pg/mL 和 88.74 pg/mL,安石榴苷(浓度为 250 μg/mL)低剂量组含量分别为 136.49 pg/mL 和 78.15 pg/mL,安石榴苷(浓度为 500 μg/mL)高剂量组含量分别为 106.36 pg/mL 和 64.32 pg/mL。对于脾中的 IL-10 和 TNF-α 含量,正常组分别为 133.58 pg/mL 和 86.12 pg/mL,沙门氏菌组分别为 218.41 pg/mL 和 101.02 pg/mL,安石榴苷(浓度为 250 μg/mL)低剂量组分别为 188.15 pg/mL 和 73.11 pg/mL,安石榴苷(浓度为 500 μg/mL)高剂量组分别为 131.94 pg/mL 和 71.57 pg/mL。安石榴苷(500 μg/mL)组小鼠肝或脾中 TNF-α 的含量与沙门氏菌感染组有显著性差异($P < 0.05$);安石榴苷(500 μg/mL)组小鼠脾中 IL-10 的含量与沙门氏菌感染组有极显著差异($P < 0.01$)。

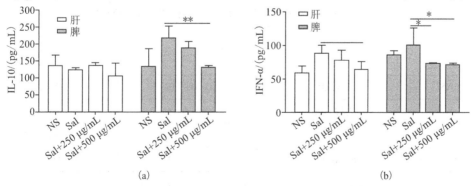

图 8-9　安石榴苷对沙门氏菌感染小鼠肝和脾中 IL-10(a)和 TNF-α(b)含量的影响

8.3.10　安石榴苷对沙门氏菌感染小鼠肝和脾中炎症因子相关基因的影响

由表 8-6 可知,感染沙门氏菌 7 天后,小鼠肝和脾中会产生炎症反应,致炎因子

IL-6、IL-1β 和 TNF-α 基因的表达量有所增加;安石榴苷干预后,小鼠肝和脾中的炎症因子的基因表达量有不同程度的降低。对于抗炎因子 IL-10,安石榴苷干预后,小鼠肝中的 IL-10 的基因表达量是升高的,而脾中 IL-10 的基因表达量与沙门氏菌组没有显著性差异($P \geqslant 0.05$)。

表 8-6 沙门氏菌感染组和安石榴苷干预组小鼠肝和脾中炎症因子的相对表达量

组织	基因	基因相对表达量		
		Sal	Sal+250/(μg/mL)	Sal+500/(μg/mL)
肝	IL-6	1	0.61±0.02**	0.62±0.05**
	IL-1β	1	0.64±0.05**	0.79±0.07*
	TNF-α	1	0.50±0.33*	0.48±0.02*
	IL-10	1	1.99±0.12*	3.27±0.44**
脾	IL-6	1	0.43±0.24*	0.28±0.13*
	IL-1β	1	0.40±0.26*	0.19±0.10**
	TNF-α	1	0.47±0.11**	0.42±0.09**
	IL-10	1	1.01±0.19	0.91±0.12

注:* 表示显著差异;** 表示极显著差异。

8.3.11 安石榴苷对沙门氏菌感染小鼠脏器指数的影响

由表 8-7 可知,与正常组相比,沙门氏菌组肝脏指数、脾脏指数和肾脏指数分别增加到 139.67%、420.00% 和 134.84%,均与正常组存在显著性差异($P < 0.05$)。与沙门氏菌组相比,安石榴苷高剂量组小鼠的肝脏指数和肾脏指数均显著降低($P < 0.05$),且与正常组无显著性差异($P > 0.05$),而对脾脏指数无显著性影响;安石榴苷低剂量组小鼠的肝重指数、脾重指数和肾重指数均与沙门氏菌组无显著性差异($P > 0.05$)。

表 8-7 安石榴苷对沙门氏菌感染小鼠各器官指数的影响

组别	肝脏指数/(g/100 g)	脾脏指数/(g/100 g)	肾脏指数/(g/100 g)
NS	5.42±0.31	0.30±0.04	1.32±0.09
Sal	7.57±0.01+	1.26±0.47++	1.78±0.41++
Sal+250 μg/mL	7.82±0.01+	1.50±0.28++	1.71±0.19++
Sal+500 μg/mL	6.28±0.01*	0.97±0.59++	1.47±0.13*

注:+表示与正常组相比有显著性差异;*表示与沙门氏菌组相比有显著性差异。

8.3.12 病理切片

(1)肝脏的 HE 切片

正常组:肝组织结构完整,肝细胞呈多核形,胞浆分布均匀,细胞核形态正常,无明显的病变。

沙门氏菌组:肝细胞水肿,排列不均匀,核裂解,有炎症细胞浸润,呈出血性坏死状。

安石榴苷低剂量(250 μg/mL)组:肝细胞有轻微的水肿,有少许的炎症细胞浸润,出血性坏死状不明显。

安石榴苷高剂量(500 μg/mL)组:肝细胞正常,未发现炎症细胞浸润和出血性坏死。如图 8-10 所示。

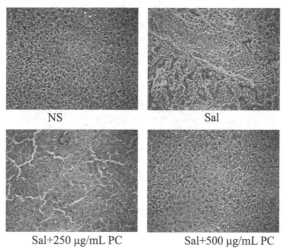

图 8-10　正常组和沙门氏菌感染组小鼠肝脏的 HE 切片

(2)脾的 HE 切片

正常组:脾组织结构完整,细胞形态正常,无明显的病理改变。

沙门氏菌组:脾肿大,有充血、出血现象,细胞质空化,呈弥漫性坏死。

安石榴苷低剂量(250 μg/mL)组:脾细胞有轻微的充血、出血现象,细胞质空化不明显,结构基本正常。

安石榴苷高剂量(500 μg/mL)组:未见明显的病理病变。如图 8-11 所示。

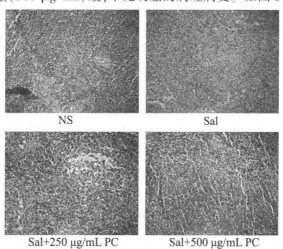

图 8-11　正常组和沙门氏菌感染组小鼠脾的 HE 切片

（3）肾的 HE 切片

正常组、沙门氏菌组、安石榴苷低剂量（250 μg/mL）组和安石榴苷高剂量（500 μg/mL）组小鼠肾组织未见明显的病理改变，即无出血现象，血管球未出现萎缩、变性和坏死，也无明显的炎症渗出物，肾小管上皮细胞没有出现脱落和肿胀现象。如图 8-12 所示。

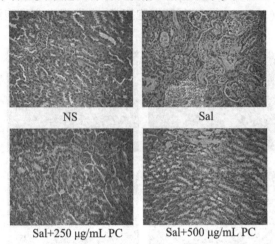

NS Sal

Sal+250 μg/mL PC Sal+500 μg/mL PC

图 8-12 正常组和沙门氏菌感染组小鼠小鼠肾的 HE 切片

8.4 讨论

沙门氏菌导致的食物中毒是全世界广泛关注的公共卫生问题，可引起人或动物轻微的肠胃炎、伤寒或副伤寒等疾病。对于轻微的胃肠炎，人体一般可以自愈，而对于严重的感染如伤寒和副伤寒，就需要用抗生素进行治疗。然而，随着抗生素的广泛使用和滥用，一些沙门氏菌产生了耐药现象，尤其是多重耐药菌株如 DT104 的出现，这给治疗沙门氏菌所引起的感染带来巨大的困难和挑战。研究表明，多种食品中存在沙门氏菌，且具有不同程度的耐药性，这严重威胁着公众的安全健康（Glenn et al，2013；Yang et al，2013）。

合成的化学物质具有潜在的毒性，近年来部分研究者将目光集中到植物来源（尤其是水果、蔬菜和中草药等）的活性物质上（Cushnie and Lamb，2011）。这些植物化学物质在体外研究中被发现具有抑制微生物生长的作用，同时由于其多来源于食品，所以一般不具有毒性或毒性非常弱。另外一个重要原因是部分研究发现某些物质在一定浓度下能通过抑制细菌的毒力因素而非抑制细菌生长来达到抗感染的功效（Blanco et al，2005；Kohda et al，2008；Xiao et al，2007）。这与抗生素抗感染的机制有很大区别。抗生素主要是通过阻止微生物一些重要生命活动如细胞壁合成、DNA 复制和蛋白合成等生长过程中关键步骤来破坏其生长过程。虽然这种方式非常有效，但也给细菌带来选择性压力，从而使耐药菌株被筛选出来并成为优势群体。而某些植物化学物质仅抑制毒力因子的表达而并不抑制细菌的生长，由于毒力因子的表达对细菌存活并非必需，从而对细菌并不会构成进化上的压力，因而不易产生耐药现象（Rasko and Sperandio，2010）。

本研究通过动物模型探讨了安石榴苷抗沙门氏菌感染的效应。结果表明，安石榴苷能够降低感染沙门氏菌的小鼠的死亡率，提高其生存能力；同时，安石榴苷改善沙门氏菌感染小鼠的血液组成，减少炎症反应，减轻沙门氏菌对小鼠肝和脾的破坏。

　　人或动物存在 2 类免疫系统：先天性免疫系统和获得性免疫系统。先天性免疫系统对控制致病菌的感染是非常重要的，并能激活后天性免疫系统（Wick 2011）。使用沙门氏菌污染的食物后，沙门氏菌可经胃、肠等器官进入体内；进入体内后可激活先天性免疫反应和后天性免疫反应。然而，沙门氏菌具有逃避先天性免疫反应的能力，先天性免疫反应一旦失效，那么后天免疫反应就被激活了。沙门氏菌通过胃部到达肠道后，能在肠道内定植并繁殖；大量的沙门氏菌可给肠道造成一定的压力，激活肠道内的免疫细胞，产生大量的炎症因子（Bueno et al，2012）；同时，这个过程可产生大量的液体，使紧密连接的肠细胞松散。沙门氏菌利用这个过程，从肠道中进入血液或肝脏、脾脏等器官（Srinivasan et al，2006）。研究表明，安石榴苷干预组小鼠肝、脾和肾中沙门氏菌的总量小于沙门氏菌组；同时，病理切片表明，安石榴苷能够减轻沙门氏菌对小鼠肝和脾的破坏。另外，我们通过细胞实验证明了安石榴苷能够减少沙门氏菌侵入肠细胞（HT29），而对黏附作用无显著影响。这些都表明，安石榴苷通过一定的途径阻止沙门氏菌转移至肝、脾和肾等器官中，从而减轻沙门氏菌对组织的损害。

　　在治疗感染方面，人体的白细胞发挥着越来越重要的作用。白细胞可分为 2 类：一类为颗粒白细胞（嗜中性粒细胞、嗜酸性粒细胞和嗜碱性粒细胞）；另一类为无颗粒白细胞（包括单核细胞和淋巴细胞）。当机体受到致病菌的感染并发生严重的炎症时，中性粒细胞就被转运到炎症部位来防御致病菌的侵入（Leick et al，2014）；同时，炎症反应会产生炎症介质，会促使粒细胞生成。然而，许多因素影响中性粒细胞的功能，一旦中性粒细胞功能丧失，就有可能造成微生物的 2 次感染。研究表明，中性粒细胞的数量和功能对控制致病菌的复制和侵入有着重要的作用。当中性粒细胞到达炎症部位时，细胞的吞噬作用和胞内杀死作用就被激活。有研究报道，多酚类物质能够增强沙门氏菌感染小鼠的吞噬作用并产生较多的自由基离子（Chen et al，2012）。研究表明，安石榴苷能提高沙门氏菌感染小鼠的中性粒细胞数以及中性粒细胞与单核细胞的比例。原因可能是安石榴苷能够刺激机体的某类细胞分泌炎症因子，从而促进骨髓细胞的增殖和嗜中性粒细胞的成熟。然而，安石榴苷是否能够增强机体吞噬作用和杀伤力并不清楚，需进一步的研究。

　　细胞因子是重要的炎症介质。一些致炎因子如（IFN-γ、TNF-α、IL-1β 等）能够引起一系列炎症级联反应，破坏人或动物的器官如肠、肝、脾等。下调致炎因子的分泌或提高抗炎因子的分泌对于减轻沙门氏菌对器官的破坏具有重要的意义。研究表明，天然物质或益生菌能够通过降低致炎因子的产生进而减轻沙门氏菌对器官的破坏（Chen et al，2013；Kim et al，2012；Martins et al，2013）。ELISA 的结果表明，安石榴苷能够减少沙门氏菌感染小鼠血液、肝和脾中 TNF-α、IL-6 和 IFN-γ 的量，同时运用 RT-PCR 技术证明安石榴苷能够降低感染沙门氏菌小鼠肝和脾中 TNF-α、IL-6 和 IL-1β 的相对表达量。

　　在肠道内，安石榴苷能被微生物代谢成尿石素 A 和尿石素 B，并在肠道内累计达到 μmol/L 以上（Cerda et al，2003）。据报道，尿石素能通过抑制群体效应来控制小肠结肠炎耶尔森菌（Yersinia enterocolitica）生物膜的形成和运动性（Gimenez-Bastida et al，2012）。沙门氏菌是一种革兰氏阴性菌，具有 AHL 型群体效应系统，这与小肠结肠炎耶尔森菌、绿脓假单胞菌是相同的（Myszka et al，2012）。通过体外实验，我们发现安石榴苷具有抑制沙门氏菌群体效应的作用。然而，我们不清楚在体内抗沙门氏菌感染的物质是安石榴苷还是代谢产物(尿石素),需通过进一步的实验进行证明。

8.5 小结

（1）安石榴苷可消除沙门氏菌感染引起的小鼠体重和饮食量的下降以及饮水量的增加,减轻沙门氏菌感染引起的肝脏和脾脏的肿大,提高沙门氏菌感染小鼠的生存率。

（2）安石榴苷能够抑制沙门氏菌从肠道转移至肝、脾和肾等器官,并减少沙门氏菌在肝、脾和肾等器官的积累。

（3）安石榴苷能够降低沙门氏菌感染小鼠血清和脾脏中 IL-6、TNF-α、IFN-γ 和 IL-10 的含量,并显著降低其肝脏中 TNF-α 的产生,而其对肝脏中 IL-6、IFN-γ 和 IL-10 的含量无显著影响。

（4）安石榴苷可使沙门氏菌感染小鼠血液中 ALT、AST、TBIL、BUN、Ua、LDH 等含量显著降低并提高 ALP、Crea、TP 等含量;同时,安石榴苷可显著抑制沙门氏菌感染小鼠血液中 WBC、NEUT、LYMPH、EO、BASO 等含量的降低。

（5）HE 切片的结果证实,安石榴苷可减轻沙门氏菌对小鼠肝和脾的破坏,而肾无明显的病理改变。

第9章 基于RNA-seq技术的安石榴苷对沙门氏菌全基因表达谱的影响

　　食品安全是公民广泛关注的社会民生问题。随着社会的不断进步和发展,食品安全变得越来越难以保证。近年来,由食源性致病菌引起的食物中毒事件越来越多。常见的食源性致病菌有沙门氏菌、副溶血性弧菌、李斯特菌、金黄色葡萄球菌等。沙门氏菌是一种常见的食源性致病菌,易污染生鸡肉、奶制品、凉拌菜、蛋类等(邹颜秋硕等,2019)。近年来,沙门氏菌引起的食物中毒已成为全球性的公共卫生问题。另外,沙门氏菌能寄生在家禽肠道内,造成家禽死亡和减产(Dhawi et al,2011;凡文磊,2015)。研究表明,每年约有9 380万例肠胃炎疾病是由沙门氏菌造成的,其中,大部分病例是由于食品受到污染而引起的。除沙门氏菌引起食物中毒外,沙门氏菌还会增加其他基础疾病的患病风险,加重病情,对人体健康构成严重威胁(刘豪,2017;张建群等,2015)。

　　沙门氏菌(*Salmonella*),属肠杆菌科,革兰氏阴性菌,具有抗原。常见的沙门氏菌抗原有4种,分别是菌体(O)抗原、鞭毛(H)抗原、表面(Vi)和菌毛抗原(张文成等,2019)。沙门氏菌具有不同的血清型,目前为止,共发现有2 610种左右,其中S.enteritidis和S.typhimurium两个血清型在中国比较流行(郑林等,2020)。沙门氏菌的感染,通常是从定殖在宿主的肠道中开始的,通过分泌肠毒素,使宿主产生恶心、发烧和腹泻等症状;穿过肠壁进入血液;随着血液的循环,沙门氏菌进入不同的器官,造成各器官的损伤。沙门氏菌是引起食物中毒的致病微生物之一,研究表明,奶粉、凉拌菜、牛肉、鸡肉等食品中均有沙门氏菌的存在(杨怀珍等,2016)。沙门氏菌的致病性取决于毒力岛基因的调控和表达(薛颖等,2015)。沙门氏菌的毒力岛是编码独立基因簇、分子质量相对较大的DNA片段。目前研究地比较深入的沙门氏菌毒力岛是SPI-1~SPI-5(牛莉娅等,2017)。SPI-1编码与侵袭力有关的Ⅲ型分泌系统1(T3SS1),T3SS1调控的通路包括正反馈环路与激活入口,HilA蛋白是这一调控的关键因子(刘子健等,2016)。

　　沙门氏菌引起的食物中毒一般人体靠自身的免疫力可以自愈。然而,对于沙门氏菌引起的严重感染,需要用抗生素进行治疗。随着抗生素的大量使用,给沙门氏菌提供了产生耐药性的机会(赵建梅等,2019)。研究表明,从凉拌菜、生鸡肉、奶粉等食品中分离得到的沙门氏菌具有一定的耐药性,甚至多重耐药(Kijima et al,2019)。这就给食品安全和公共卫生带来很大的挑战(李凤玲等,2019)。目前,寻找能够替代抗生素的天然抗菌物质是科学家研究的热点。近年来,植物中的活性成分引起了人们的注意。与抗生素的作用效果相比,植物活性物质不仅具有一定的抑菌作用,同时又不易使细菌产生耐药性(于晶等,2020)。另外,抗生素的抑菌靶点大多是单个靶点,而天然活性物质往往是可以同时作用于多个靶点来发挥抗菌作用(霍丽妮等,2018)。安石榴苷(punicalagin,PUN),分子式为$C_{48}H_{27}O_{30}$,是目前已知的分子量最大的酚类化合物。安石榴苷主要存在于石榴科植物中,在石榴皮中含量最高,是石榴皮中的主要活性成分(占60%~70%)(古丽米热等,2018)。安石榴苷具有抗氧化、抗癌、抗菌、抗病毒、抗炎等多种药理学功效(徐云凤等,2019)。研究表明,安石榴苷对沙门氏菌、金黄色葡萄球菌、白色念珠菌、假丝酵母等微生物具有抑制作用。

RNA-seq(转录组测序技术)为新一代高通量测序技术。转录组是某个物种或者特定细胞在特定的生理状态和环境刺激下产生的所有转录本的总和(何芳,2017)。转录组包括mRNA、rRNA、tRNA和非编码RNA等。与传统测序技术相比,RNA-seq处理的信息量更小、更有针对性、反映的信息更可靠(Yasoub Shiri et al,2020)。利用RNA-seq技术可以探索哪些未知的遗传信息,或者已知DNA的未知信息(Huan Liang et al,2020)。

目前,安石榴苷的抑菌作用及其对沙门氏菌运动性和毒力基因表达的影响已见报道(Domenico Rongai et al,2019)。但是,安石榴苷对沙门氏菌全基因表达谱的影响未见研究。因此,本研究利用RNA-seq技术分析并结合生物信息学解析安石榴苷对沙门氏菌代谢通路、致病性、细胞膜等的影响,为安石榴苷防腐剂的开发及抗菌药物的研制提供理论依据。

9.1 材料与方法

9.1.1 菌种

沙门氏菌SL1344,由许昌学院食品安全实验室保存。

9.1.2 试剂与培养基

本研究所用的试剂与培养基有LB肉汤、LB营养琼脂、琼脂糖凝胶、甘油、水饱和酚、酸饱和酚、氯仿、无菌无酶水、溶菌酶、安石榴苷标品、细菌总RNA提取试剂盒等。

9.1.3 仪器与设备

本研究所用的仪器与设备有-80 ℃冷冻冰箱、高压蒸汽灭菌锅、超净工作台、移液枪、紫外-可见分光光度计、电子天平、水平电泳槽、电泳仪、紫外凝胶成像仪、恒温培养箱、低温离心机等。

9.1.4 方法

9.1.4.1 菌株的活化与冻存

(1)活化:配制琼脂平板培养基,冷却;将冻存在-80 ℃冰箱的菌株取出,在超净工作台上划平板,倒置,并在恒温培养箱(37 ℃)培养12 h。配制肉汤培养基,在超净工作台,挑取平板上的单菌落1~2个,接入肉汤培养基中,37 ℃培养12 h;以肉汤培养基为空白对照,用紫外-可见分光光度计,在600 nm波长下,测定吸光值;重复肉汤培养操作,至吸光值上升至一个稳定值结束。将培养好的肉汤培养基,用接种环接入琼脂培养基,4 ℃冰箱保存,备用。

(2)冻存:将上述菌株肉汤培养基,与灭菌的甘油 7 : 3 混合,放入 1.5 mL 离心管,于 −80 ℃ 冰箱冻存。

9.1.4.2 实验处理

(1)对照组样品 A:挑取沙门氏菌琼脂平板上 1~2 个单菌落接入肉汤培养基,置于 37 ℃ 恒温培养箱培养 12 h,将菌悬液稀释至 $OD_{600\,nm}$ 为 0.5,再稀释 100 倍,取 100 μL 接入肉汤培养基,37 ℃ 培养 12 h。取菌悬液低温离心,弃上清,加入溶菌酶溶液,振荡混匀,静置 5 min。

(2)处理组样品 B、C:培养基中的安石榴苷浓度分别为 $1/4MIC$(15.63 μg/mL)和 $1/8MIC$(8 μg/mL),其他过程同上。

9.1.4.3　总 RNA 提取

样品经预处理过后,采用热酚法提取细菌的总 RNA,提取后的 RNA 迅速置于−80 ℃ 冰箱冻存。

9.1.4.4　RNA 质量测定和测序

进行 RNA-seq 的样品,其质量要求一般要求较高。

运用琼脂糖凝胶电泳方法,检测提取 RNA 的完整性。

使用微量核酸蛋白测定仪测定 RNA 的浓度、$A_{260\,nm}/A_{280\,nm}$ 和 $A_{230\,nm}/A_{260\,nm}$ 的数值。

完成上面两步的测定,并且合格之后,将 RNA 样品送往上海欧易生物医学科技有限公司进行 RNA-seq 测序,测序流程见图 9-1。

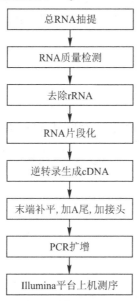

图 9-1　原核转录组建库测序流程

9.1.4.5　差异基因表达分析

原核转录组测序分析流程如图 9-2 所示。利用 DESeq 软件(Anders et al,2012)对各个样本基因的 counts 数目进行标准化处理(采用 basemean 值来估算表达量),计算差异倍数,并采用 NB(负二项分布检验的方式) 对 reads 数进行差异显著性检验,最终根据差异倍数及差异显著性检验结果来筛选差异基因。差异表达基因的筛选标准为−log2(Fold Change)≥1 且 p-value<0.05。

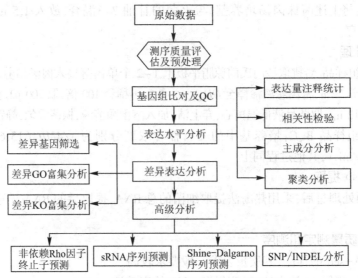

图 9-2　原核转录组测序数据分析流程

9.1.4.6　差异基因 GO 和 KEGG 富集分析采用

对所有筛选到的差异表达基因进行 GO 富集分析,明确差异表达基因在 GeneOntology 中的分布状况。以 KEGG 数据库中 Pathway 为单位,应用超几何检验,找出在差异表达基因中显著性富集的 Pathway,进一步确定差异表达基因所参与的代谢通路及发挥的生物学意义。

9.2　结果与分析

9.2.1　RNA 质量

用 1.5% 的琼脂糖凝胶,对实验所提取到的样品的 RNA 进行电泳的结果见图 9-3。

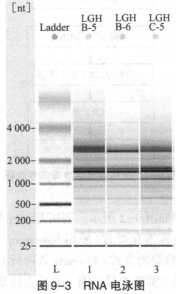

图 9-3　RNA 电泳图

*（L—maker;1—空白对照 A;2—处理组 B;3—处理组 C）

以蒸馏水为空白对照,用微量核酸蛋白测定仪测定其纯度和浓度,测定结果见表 9-1。

表 9-1　RNA 质量

样品	浓度/(μg/μL)	$A_{260\,nm}/A_{280\,nm}$	$A_{230\,nm}/A_{260\,nm}$	RIN
A	1.621 6	2.14	2.28	6.6
B	1.303 0	2.16	2.41	6.9
C	1.775 8	2.15	2.23	6.2

由表 9-1 和图 9-3 可知,RNA 的电泳图 28S 和 18S 两条带整齐清晰,表明总 RNA 完整性好,$A_{260\,nm}/A_{280\,nm}$ 均在 1.8~2.2,说明所提取的总 RNA 中蛋白质和 DNA 以及其他杂质污染较少。所提取的 RNA 符合质量要求,可进行下一步的实验。

9.2.2　测序数据质控

通过 Illumina 平台,得到了大量的样本双端测序数据。鉴于数据错误率对结果的影响,采用 Trimmomatic 软件对原始数据进行质量预处理,并对整个质控过程中的 reads 数进行统计汇总。由表 9-2 可知,各样本测序后的数据 Q30 均在 94% 以上,说明测序准确率为 99.9 以上的数据占总测序数据的 94% 以上,符合后续生物学分析的要求。

表 9-2　测序数据质量预处理结果

Sample	raw_reads	raw_bases	clean_reads	clean_bases	valid_bases	Q30	GC
A_1	8.01M	1.20G	7.82M	1.16G	96.59%	94.70%	53.73%
A_2	9.95M	1.49G	9.74M	1.44G	96.79%	94.92%	53.40%
A_3	6.65M	1.00G	6.48M	0.96G	96.46%	94.53%	53.43%
A_4	7.04M	1.06G	6.87M	1.02G	96.65%	94.76%	53.63%
B_1	9.54M	1.43G	9.32M	1.38G	96.75%	94.86%	53.71%
B_2	10.33M	1.55G	10.10M	1.50G	96.74%	94.87%	53.44%
B_3	7.07M	1.06G	6.91M	1.03G	96.72%	94.85%	53.43%
B_4	9.49M	1.42G	9.28M	1.38G	96.76%	94.91%	53.64%
C_1	12.31M	1.85G	12.06M	1.79G	97.00%	95.10%	53.65%
C_2	12.74M	1.91G	12.46M	1.85G	96.75%	94.85%	53.48%
C_3	11.88M	1.78G	11.60M	1.72G	96.51%	94.57%	53.54%
C_4	14.88M	2.23G	14.55M	2.16G	96.81%	94.91%	53.74%

注:＊A 为对照,B 为 1/32MIC,C 为 1/16MIC。

利用 Rockhooper 2 将 Clean Reads 与指定的参考基因组进行序列比对,获取在参考基因组或基因上的位置信息,以及测序样品特有的序列特征信息。由表 9-3 可知,Mapped reads 数据的百分比均为 100%。

表 9-3　与参考基因组比对率统计结果

Sample	A_1	A_2	A_3	A_4	B_1	B_2	B_3	B_4	C_1	C_2	C_3	C_4
Total_reads	3910191	4867679	3242074	3437203	4661945	5049230	3454337	4641045	6029881	6229882	5798504	7276983
Mapped_reads	3892141 (100%)	4845831 (100%)	3227049 (100%)	3421312 (100%)	4639728 (100%)	5026145 (100%)	3438316 (100%)	4620122 (100%)	6002855 (100%)	6201483 (100%)	5771427 (100%)	7243019 (100%)
Map_PCG_Sn	73%	77%	73%	73%	74%	75%	71%	77%	79%	75%	75%	74%
Map_PCG_At	3%	4%	6%	3%	2%	4%	5%	3%	2%	3%	4%	2%
Map_rRNA_Sn	0%	0%	0%	0%	0%	0%	0%	0%	0%	0%	0%	0%
Map_rRNA_At	0%	0%	0%	0%	0%	0%	0%	0%	0%	0%	0%	0%
Map_tRNA_Sn	0%	0%	1%	0%	0%	0%	0%	0%	0%	0%	0%	0%
Map_tRNA_At	0%	0%	0%	0%	0%	0%	0%	0%	0%	0%	0%	0%
Map_miRNA_Sn	20%	14%	15%	19%	19%	16%	18%	17%	15%	18%	17%	20%
Map_miRNA_At	0%	0%	0%	0%	0%	0%	0%	0%	0%	0%	0%	0%
Map_un_region	4%	5%	6%	4%	4%	5%	6%	4%	4%	5%	5%	4%

由图 9-4 可知,绝大多数 reads 比对到了 CDS_Exon,符合原核转录组测序的预期。

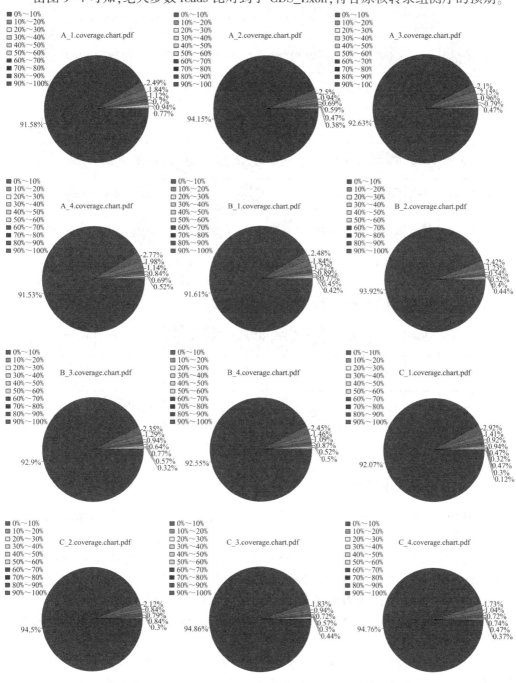

图 9-4　基因覆盖度分析

样品间转录本表达水平相关性是检验实验可靠性和样本选择合理性的重要指标。相关系数越接近 1,表明样品之间表达模式的相似度越高。

由图 9-5 可知,重复样本间相关系数均为>0.99,说明生物学重复间变异不明显。

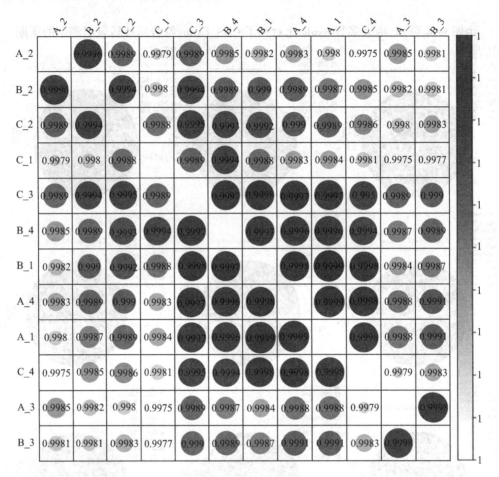

图 9-5　样品间相关性检验

	A_2	B_2	C_2	C_1	C_3	B_4	B_1	A_4	A_1	C_4	A_3	B_3
A_2		0.9996	0.9989	0.9979	0.9989	0.9985	0.9982	0.9983	0.998	0.9975	0.9985	0.9981
B_2	0.9996		0.9994	0.998	0.9994	0.9989	0.999	0.9989	0.9987	0.9985	0.9982	0.9981
C_2	0.9989	0.9994		0.9988	0.9995	0.9993	0.9992	0.999	0.9989	0.9986	0.998	0.9983
C_1	0.9979	0.998	0.9988		0.9994	0.9988	0.9983	0.9984	0.9981		0.9975	0.9977
C_3	0.9989	0.9994	0.9995	0.9989		0.9997	0.9998	0.9997	0.9997	0.995	0.9989	0.999
B_4	0.9985	0.9989	0.9993	0.9994	0.9997		0.9997	0.9996	0.9996	0.9994	0.9987	0.9989
B_1	0.9982	0.999	0.9992	0.9988	0.9998	0.9997		0.9999	0.9999	0.9999	0.9984	0.9987
A_4	0.9983	0.9989	0.999	0.9983	0.9997	0.9996	0.9998		0.9999	0.9998	0.9988	0.9991
A_1	0.998	0.9987	0.9989	0.9984	0.9997	0.9996	0.9999	0.9999		0.9999	0.9988	0.9991
C_4	0.9975	0.9985	0.9986	0.9981	0.9995	0.9994	0.9999	0.9999	0.9999		0.9979	0.9983
A_3	0.9985	0.9982	0.998	0.9975	0.9989	0.9987	0.9984	0.9988	0.9988	0.9979		0.9998
B_3	0.9981	0.9981	0.9983	0.9977	0.999	0.9989	0.9987	0.9991	0.9991	0.9983	0.9998	

9.2.3　差异表达基因分析

利用 DESeq 软件中来对各个样本基因的 counts 数目进行标准化处理(采用 basemean 值来估算表达量),计算差异倍数,并采用 NB(负二项分布检验的方式)对 reads 数进行差异显著性检验,最终根据差异倍数及差异显著性检验结果来筛选差异基因。经统计,与对照相比,1/32MIC 的安石榴苷作用沙门氏菌 12 h 后,共识别出 81 个基因,其中,32 个基因下调,49 个基因下调;1/16MIC 的安石榴苷共引起 284 个基因发生改变,其中,168 个基因下调,116 个基因下调。其中,hilA 基因在 1/16MIC 组显著下调,在 1/32MIC 组无明显变化。

不同基因在不同样品中的基因表达情况见图 9-6。可知,越靠左边和上边的点表示差异越显著,该图很直观地表示了安石榴苷处理后样品间基因表达差异的情况。

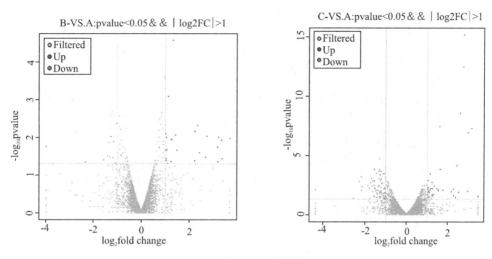

图 9-6　表达量差异火山图

9.2.4　GO 功能分析

由图 9-7 可知,对照组与 1/32*MIC* 的安石榴苷处理组比较分析共得到 106 个 DEGs;对照组与 1/16*MIC* 的安石榴苷处理组比较分析共得到 292 个 DEGs。大量基因富集到了 phage shock、L-threonine catabolic process to propionate、ethanolamine catabolic process、iron-sulfur cluster assembly 等。

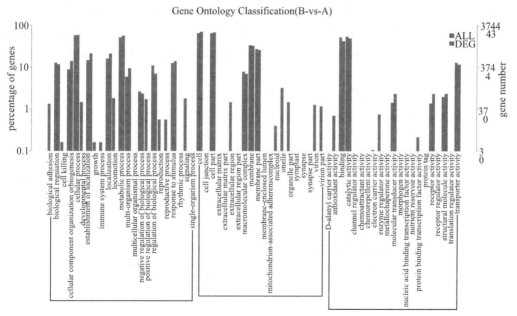

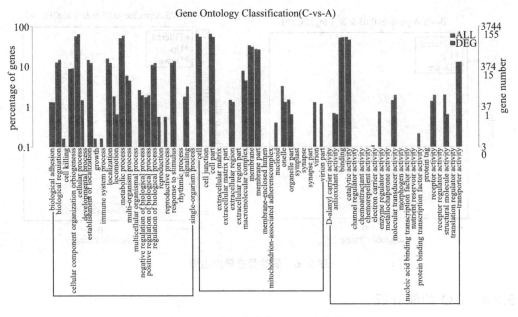

图 9-7　差异表达基因 GO 富集图

9.2.5　KEGG 富集分析

由图 9-8 可知,对照组与 1/32MIC 的安石榴苷处理组比较分析共得到 33 条信号通路,其中显著的有 12 条;对照组与 1/16MIC 的安石榴苷处理组比较分析共得到 39 条信息通路,显著的有 18 条。主要富集到了 Membrane transport、Signal transduction、Amino acid metabolism、Carbohydrate metabolism、Energy metabolism、Metabolism of cofactors and vitamins 等通路。

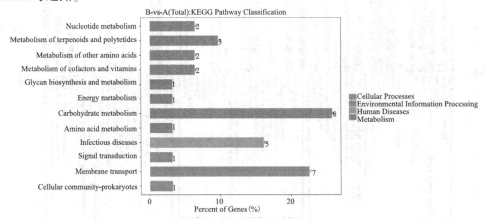

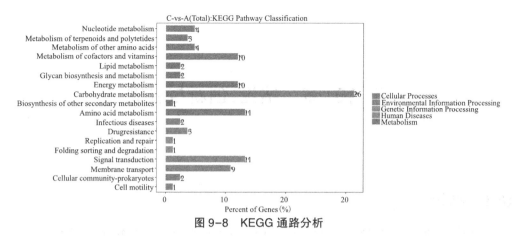

图 9-8　KEGG 通路分析

9.3　讨论

沙门氏菌的致病性取决于毒力岛基因的表达和调控。因此,基于特殊的方法或物质作用下,沙门氏菌相关毒力基因的表达和致病性所产生的差异,是目前的研究热点。研究表明,安石榴苷可以抑制沙门氏菌的生长。转录组测序技术可以研究特定时空下,基因表达情况的差异,不同的时间和外界环境刺激下,表达都会受到影响,因此,研究基因表达更为精确。本实验通过差异基因分析,在 B、A、C、A 两个比较组,分别得到 81 个、284 个差异基因,对差异基因进行分析,发现安石榴苷可以使部分基因下调,高浓度下这一现象更加明显。通过对它们所处的代谢通路进行注释,可以看出,人类疾病、细胞过程、代谢和环境信息过程这四大类型的代谢途径受到药物的影响较大。

在 KEGG 富集中,共有 5 条富集较多的代谢途径,其中的碳代谢途径中富集的基因中,AvrA 基因的差异较为明显,AvrA 蛋白可以与宿主细胞作用,影响 JNK 信号通路,进而影响 Beclin-1 蛋白的产生,沙门氏菌正是通过这一过程提高自身存活率。在信号转导通路中,DegP 基因差异较为明显;Htr A 是热诱导丝氨酸蛋白,与细胞应激和毒力岛有密切关系,在沙门氏菌致病过程中十分重要。以上两个基因在安石榴苷作用后,基因表达差异增大,说明在应激过程中,这两个基因对于沙门氏菌很重要。在代谢途径中,碳代谢类别里差异表达基因数目最多,可以推测安石榴苷影响沙门氏菌对碳源的利用。在环境信息过程中,膜运输类的差异表达基因数目较多,表明安石榴苷可能影响到了沙门氏菌物质交换能力。

9.4　结论

沙门氏菌表达转录本注释得到的基因有 4 958 个。与对照组相比,8 μg/mL 和 15 μg/mL 的安石榴苷处理组分别有 81 个和 284 个差异基因,其中 8 μg/mL 的处理组上调 32 个,下调 49 个;15 μg/mL 的处理组上调 168 个,下调 116 个;并且差异基因个数随着安石榴苷浓度的增大而增加。GO 富集发现,差异基因主要富集到了 phage shock、L-threonine catabolic process to propionate、ethanolamine catabolic process、iron-sulfur cluster assembly 等;KEGG 分析证实差异基因主要集中在 Membrane transport、Signal transduction、Amino acid metabolism、Carbohydrate metabolism、Energy metabolism、Metabolism of cofactors and vitamins 等通路。本研究为安石榴苷防腐剂的开发及抗菌药物的研发提供理论依据。

第 **10** 章 结论、创新与展望

10.1 结论

本研究以安石榴苷为材料,通过 RT-PCR、ELISA、电镜以及细胞培养等技术手段从直接抑菌、影响毒力基因的表达、干扰细菌群体感应、抗黏附和侵入上皮细胞能力、免疫调节能力等角度对安石榴苷抗沙门氏菌感染的可能的多重机制进行探讨,同时通过小鼠灌胃感染实验研究了安石榴苷抗沙门氏菌感染的具体效应。本研究将为从石榴皮中开发能用于预防及控制沙门氏菌疾病的物质提供理论和实验依据。

研究所取得的结果如下:

(1)安石榴苷是石榴皮中起主要抑菌功能的活性成分,其抑菌效果优于鞣花酸和没食子酸;安石榴苷对金黄色葡萄球菌 ATCC25923、沙门氏菌 SL1344、李斯特菌 CMCC54004 和大肠杆菌 ATCC25922 等致病菌的最小抑菌浓度(MIC)分别为 250、500、2 500、10 000 $\mu g/mL$;另外,安石榴苷对不同食品来源(不同的耐药性及血清型)的沙门氏菌具有抑制作用,其 MIC 为 250~1 000 $\mu g/mL$。

(2)安石榴苷破坏沙门氏菌细胞膜的完整性。经安石榴苷作用后,沙门氏菌胞内物质(K^+)释放到胞外,细胞膜出现去极化现象,细胞内的 pH 值显著升高,胞内外 pH 值差发生改变,说明安石榴苷使沙门氏菌的细胞膜通透性发生变化;由扫描电镜的结果知,安石榴苷对沙门氏菌菌体有损伤作用,使菌体细胞表面破损,内容物溶出,导致菌体细胞死亡。

(3)安石榴苷影响沙门氏菌的运动性及相关基因的表达。在对沙门氏菌生长曲线无影响的浓度下,安石榴苷(31.250 $\mu g/mL$ 和 15.125 $\mu g/mL$)抑制沙门氏菌的泳动能力和群集运动;但是,安石榴苷对沙门氏菌的蹭动能力无明显影响;RT-PCR 结果表明,安石榴苷(浓度为 31.250 $\mu g/mL$ 和 15.125 $\mu g/mL$)能够使沙门氏菌鞭毛基因(*fliA*、*fliY*、*fljB*、*flhC* 等)的表达量降低;同时,安石榴苷能够影响沙门氏菌与在体内定植有关的基因(如 *fimD*、*sopB*、*invH*、*sipA*、*pipB*、*orf*245、*hflK*、*lrp*、*xthA*、*sodC* 和 *rpoS*)的转录水平;另外,安石榴苷抑制 SPI-1 和 SPI-2 Ⅲ型分泌系统的调控因子 *hilA* 和 *ssrB* 的表达,进而显著影响沙门氏菌的毒性和致病能力。

(4)安石榴苷影响沙门氏菌的群体效应系统。浓度为 31.250 $\mu g/mL$ 的安石榴苷对紫色杆菌的生长具有一定的抑制作用;在不影响紫色杆菌生长的情况下,安石榴苷(浓度为 15.125 $\mu g/mL$ 和 7.563 $\mu g/mL$)能够抑制紫色杆菌分泌紫色素,进而影响群体效应系统。由 RT-PCR 的结果知,安石榴苷(浓度为 31.250 $\mu g/mL$ 和 15.125 $\mu g/mL$)能够抑制

沙门氏菌群体效应基因 *sdiA* 和 *srgE* 的表达,进而干扰沙门氏菌的群体效应。另外,进一步的研究表明,在体内,安石榴苷可能通过其代谢产物尿石素 A 来发挥抗沙门氏菌群体效应的作用。

(5)安石榴苷影响沙门氏菌与肠上皮细胞相互作用。浓度为 125.000～15.125 μg/mL 的安石榴苷对肠上皮细胞 HT29 是安全的。在无毒性的浓度下,安石榴苷能够显著影响沙门氏菌侵入 HT29 细胞,而其对沙门氏菌的黏附作用无显著影响。

(6)安石榴苷影响巨噬细胞的免疫功能。浓度为 0～250 μg/mL 的安石榴苷对巨噬细胞 RAW264.7 是无毒性的。安石榴苷能够增强巨噬细胞吞噬沙门氏菌的作用;同时,安石榴苷还能够消除巨噬细胞胞内的沙门氏菌以及抑制沙门氏菌在胞内的生长。安石榴苷可显著影响感染了沙门氏菌的巨噬细胞分泌细胞因子 IL-6 和 IFN-α,降低巨噬细胞 NO 的合成,而其对 *iNOS* 和 *COX*-2 的基因表达无显著影响。安石榴苷能够提高感染了沙门氏菌的巨噬细胞胞内 SOD、CAT、GSH 和 GSH-Px 的活性,降低胞内 MDA 的含量。另外,由 DAPI 和 Hoechst 33342 等染色的结果知,安石榴苷能够显著延缓沙门氏菌诱导的巨噬细胞的凋亡;同时,安石榴苷对感染了沙门氏菌的巨噬细胞胞内 Caspase-3 的活性有一定的抑制作用。

(7)安石榴苷抗沙门氏菌感染的体内效应。安石榴苷可消除沙门氏菌感染引起的小鼠体重和饮食量的下降以及饮水量的增加,减轻沙门氏菌感染引起的肝脏和脾脏等器官的肿大,提高沙门氏菌感染小鼠的生存率。安石榴苷能够抑制沙门氏菌从肠道转移至肝、脾和肾等器官,并减少沙门氏菌在肝、脾和肾等器官的积累。安石榴苷能够降低沙门氏菌感染小鼠血清和脾脏中 IL-6、TNF-α、IFN-γ 和 IL-10 的含量并显著抑制肝脏中 TNF-α 的产生,而其对肝脏中 IL-6、IFN-γ 和 IL-10 的含量无显著影响。安石榴苷可使沙门氏菌感染小鼠血液中 ALT、AST、TBIL、BUN、Ua、LDH 等含量显著降低并提高 ALP、Crea、TP 等含量;同时,安石榴苷可显著抑制沙门氏菌感染小鼠血液中 WBC、NEUT、LYMPH、EO、BASO 等含量的降低。另外,HE 切片的结果证实,安石榴苷可减轻沙门氏菌引起的小鼠肝和脾的病理改变。

(8)基于 RNA-seq 技术的安石榴苷对沙门氏菌全基因表达谱的影响。沙门氏菌表达转录本注释得到的基因有 4 958 个。与对照组相比,8 μg/mL 和 15 μg/mL 的安石榴苷处理组分别有 81 个和 284 个差异基因,其中 8 μg/mL 处理组上调 32 个,下调 49 个;15 μg/mL 的处理组上调 168 个,下调 116 个;并且差异基因个数随着安石榴苷浓度的增大而增加。GO 富集发现,差异基因主要富集到了 phage shock、L-threonine catabolic process to propionate、ethanolamine catabolic process、iron-sulfur cluster assembly 等;KEGG 分析证实差异基因主要集中在 Membrane transport、Signal transduction、Amino acid metabolism、Carbohydrate metabolism、Energy metabolism、Metabolism of cofactors and vitamins 等通路。

10.2 创新

(1)本研究通过体内和体外实验系统的研究了石榴皮中主要成分安石榴苷抗沙门氏菌感染的作用及机制。

（2）在分子和细胞水平上探究了安石榴苷对沙门氏菌致病性的影响，并从抗群体效应的角度来探讨安石榴苷抗沙门氏菌感染的可能机制。

（3）构建产荧光的沙门氏菌使细菌的鉴别和追踪更为方便和准确，避免了杂菌的干扰。

10.3　展望

（1）本书运用巨噬细胞模型研究了安石榴苷对沙门氏菌诱导的巨噬细胞凋亡的影响；实验过程中仅探讨了 Caspase-3 的活性，而细胞凋亡的途径、细胞信号通路（PI3K/Akt、p38、JNK 和 ERK）等在安石榴苷延缓沙门氏菌诱导的巨噬细胞的凋亡过程中的作用还不是很清楚，需通过进一步的实验进行探究。

（2）安石榴苷具有同分异构体，分别为 α 型和 β 型。本研究以安石榴苷的混合品进行实验，探讨了安石榴苷对沙门氏菌的抑制作用及机制；但是，哪种构型的安石榴苷对沙门氏菌的抑制效果最好目前还未见报道，需通过后续的实验进行验证。

（3）开发新型、绿色的食品防腐剂成为现在的研究热点。安石榴苷具有抗氧化、抗肿瘤、抑菌和保肝等作用，可作为新型的食品防腐剂应用到食品体系中。本研究仅通过体外实验和小鼠实验探究了安石榴苷的抑菌作用；但是，在食品体系中，安石榴苷是否有抗菌作用、安石榴苷如何与食品中的成分相互作用以及安石榴苷的毒性如何等方面研究的还不是很清楚，需通过后续的实验进一步证实。

参考文献

[1]白丹,余加林,万珍艳,等.铜绿假单胞菌生物膜悬液和藻酸盐对小鼠巨噬细胞吞噬功能的影响[J].中国微生态学杂志,2008(04):337-339+342.

[2]曾惠,刘尊英,朱素芹,等.钝顶螺旋藻提取物对细菌群体感应的抑制作用[J].食品科学,2012(07):138-141.

[3]陈冬平,罗薇.沙门氏菌毒力相关因子研究进展[J].西南民族大学学报(自然科学版),2012(05):770-775.

[4]陈玲,张菊梅,杨小鹃,等.南方食品中沙门氏菌污染调查及分型[J].微生物学报,2013,12:1326-1333.

[5]陈扬.大蒜提取物竞争性阻断QS信号系统并降低铜绿假单胞菌毒力因子表达[D].武汉:华中科技大学,2009.

[6]Djakpo Odilon(奥德伦).2种中药——五倍子和黄连的抗群体感应与抗病原菌作用的研究[D].无锡:江南大学,2010.

[7]陈裕充,温海,潘炜华,等.巨噬细胞对新生隐球菌B3501标准株的吞噬作用[J].中国真菌学杂志,2006(03):149-151+133.

[8]董周永,郭松年,赵国建,等.石榴果皮提取物抑菌活性研究[J].西北植物学报,2008(03):582-587.

[9]董周永,胡青霞,郭松年,等.石榴果皮中抑菌活性物质提取工艺优化[J].农业工程学报,2008(03):274-277.

[10]董周永.石榴果皮提取物抑菌活性研究[D].杨凌:西北农林科技大学,2008.

[11]杜仲业,陈一强,孔晋亮,等.黄芩苷对金黄色葡萄球菌生物膜抑制作用的体外研究[J].中华医院感染学杂志,2012(08):1541-1543.

[12]凡文磊.利用RNA-seq技术挖掘鸡肠炎沙门氏菌抗性相关功能基因[D].北京:中国农业科学院,2015.

[13]古丽米热,朱俊宇,梁华平,等.安石榴苷抗炎、抗氧化及抗感染活性的研究进展[J].感染、炎症、修复,2018,19(01):44-47.

[14]何芳.基于转录组测序分析苦豆子碱对产膜表皮葡萄球菌硫代谢通路和菌体ROS产生的影响[D].银川:宁夏大学,2017.

[15]贺奋义.沙门氏菌的研究进展[J].中国畜牧兽医,2006,11:91-95.

[16]黄静玮,汪铭书,程安春.沙门氏菌分子生物学研究进展[J].中国人兽共患病学报,2011(07):649-652.

[17]黄晓敏,王婧婷,汪若波,等.五倍子水提取物对金黄色葡萄球菌生物膜的影响[J].中国现代医学杂志,2009(04):536-539+543.

[18]霍丽妮,陈睿,钟振国,等.基于网络药理学的苦丁茶主要活性成分及药理作用机制分析[J].安徽农业科学,2018,46(30):195-198+204.

[19]江启沛.细菌群体感应效应及其应用研究进展[J].河北农业科学,2009,11:49-52.

[20]李斌,董明盛.黑木耳提取物对细菌群体感应及生物膜形成的抑制作用[J].食品科学,2010(09):140-143.

[21]李承光,贾振华,邱健,等.细菌群体感应系统研究进展及其应用[J].生物技术通报,2006(01):5-8.

[22]李凤玲,秦俊,吕宗德,等.鸡沙门氏菌耐药性研究进展[J].农业开发与装备,2019(05):60-61.

[23]李庆德,原志伟,沈巍.沙门氏菌的危害及其快速检测方法的研究进展[J].湖北畜牧兽医,2010(01):10-12.

[24]李晓声,曾焱.细菌生物膜研究进展[J].中国骨与关节外科,2010(06):505-509.

[25]梁俊,李建科,赵伟,等.石榴皮多酚体外抗脂质过氧化作用研究[J].食品与生物技术学报,2012(02):159-165.

[26]林静,李大主.细胞焦亡:一种新的细胞死亡方式[J].国际免疫学杂志,2011,34(3):213-216.

[27]刘斌.沙门氏菌血清分型分子靶点的发掘及鉴定体系的建立[D].上海:上海交通大学,2012.

[28]刘豪.沙门氏菌引起的食品安全问题及其防治[J].畜牧兽医科学(电子版),2017(09):29.

[29]刘秀梅,陈艳,樊永祥,等.2003年中国食源性疾病暴发的监测资料分析[J].卫生研究,2006(02):201-204.

[30]刘子健,陈韵,李扬,等.肠炎沙门菌调控基因 hilD 与 hilA 的体外表达规律研究[J].扬州大学学报(农业与生命科学版),2016,37(04):5-8.

[31]陆雪莹,热依木古丽·阿布都拉,李艳红,等.新疆石榴皮总多酚有效部位的抗氧化、抗菌及抗肿瘤活性[J].食品科学,2012(09):26-30.

[32]吕梦捷,曾耀英,宋兵.人参皂甙 Rb1 对小鼠腹腔巨噬细胞体外吞噬及细胞因子和NO 分泌的影响[J].细胞与分子免疫学杂志,2011(03):242-244+248.

[33]孟宁生.抗生素的抗菌作用机理[J].集宁师专学报,2009(04):37-39.

[34]孟祥乐,李红伟,唐进法,等.石榴中酚类成分研究进展[J].中医学报,2014,10:1491-1493.

[35]牛莉娅,秦丽云,徐保红,等.食源性沙门菌毒力岛基因分布及特征研究[J].中国食品卫生杂志,2017,29(02):131-135.

[36]钱丽红,陶妍,谢晶.茶多酚对金黄色葡萄球菌和铜绿假单胞菌的抑菌机理[J].微生物学通报,2010,11:1628-1633.

[37]邱家章.黄芩苷抗金黄色葡萄球菌α-溶血素作用靶位的确证[D].长春:吉林大学,2012.

[38]权春善，范圣第.新型药物靶点 agr 群体感应系统的研究进展及其应用[J].微生物学杂志，2008(04):74-77.

[39]热依木古丽·阿布都拉，来海中，马依努尔·拜克力，等.石榴皮化学成分及生物活性研究进展[J].新疆医科大学学报，2013(06):737-740.

[40]邵伟，熊泽，乐超银，等.石榴皮提取物在酱油贮藏中的应用[J].中国酿造，2006(02):21-23.

[41]孙雨，卜仕金，王美君.沙门氏菌的毒理作用机制及其检测方法的研究进展[J].口岸卫生控制，2009(02):56-58.

[42]唐经凡.抗生素的作用机理及应用[J].中国现代药物应用，2008(07):99-100.

[43]滕碧蔚.石榴皮的研究与应用进展[J].大众科技，2013(02):59-61.

[44]万春鹏，周梦娇，陈金印.石榴皮抗菌活性及其在食品保鲜中的应用研究进展[J].食品与发酵工业，2013(06):130-134.

[45]汪长中.中药抗细菌生物膜研究进展[J].中国中药杂志，2010(04):521-524.

[46]王关林，唐金花，蒋丹，等.苦参对鸡大肠杆菌的抑菌作用及其机理研究[J].中国农业科学，2006(05):1018-1024.

[47]王俊红，王艳明.沙门氏菌的致病性和耐药性研究进展[J].畜牧市场，2008(04):43-44+46.

[48]王晓红.桃柁酚对金黄色葡萄球菌生物膜形成的影响及其分子机制研究[D].杨凌：西北农林科技大学，2012.

[49]王效义.沙门氏菌毒力岛及其Ⅲ型分泌系统[J].生物技术通讯，2004(02):160-162.

[50]文秋嘉，李淑红，崔黎明，等.胡桃楸提取物对小鼠腹腔巨噬细胞吞噬弓形虫功能的影响[J].中国病原生物学杂志，2008(08):591-592+597.

[51]吴萍，王晓宇，李青苗，等.基于高通量转录组测序的白芷差异表达基因分析[J].西南农业学报，2020,33(02):233-240.

[52]席美丽.食源性革兰氏阴性肠道病原菌 PFGE 分型和大肠杆菌耐药性研究[D].杨凌：西北农林科技大学，2009.

[53]徐云凤，吴倩，樊秋霞，等.安石榴苷对金黄色葡萄球菌毒力因子表达的抑制作用[J].食品与机械，2019,35(08):10-14+54.

[54]薛颖，郭荣显，钱珊珊，等.沙门菌毒力岛的研究进展[J].微生物与感染，2015,10(06):381-389.

[55]闫红霞，李肇增，李凤华，等.鸡白痢菌脂多糖的免疫学研究[J].畜牧与饲料科学，2010(Z1):209-211

[56]杨保伟.食源性沙门氏菌特性及耐药机制研究[D].杨凌：西北农林科技大学，2010.

[57]杨怀珍，牟亚，罗薇.食源性沙门氏菌的研究进展[J].黑龙江畜牧兽医，2016(07):69-71+75.

[58]杨林，周本宏.石榴皮中鞣质和黄酮类化合物抑菌作用的实验研究[J].时珍国医国药，2007(10):2335-2336.

[59]杨筱静，赵波，那可，等.石榴皮中多酚类物质的研究进展[J].中国医药工业杂志，

2013(05):509-514.

[60]尹守亮,常亚婧,邓苏萍,等.以病原菌群体感应系统为靶标的新型抗菌药物的研究进展[J].药学学报,2011(06):613-621.

[61]于晶,温荣欣,闫庆鑫,等.葱属植物活性物质及其生理功能研究进展[J].食品科学,2020,41(07):255-265.

[62]张海方.沙门菌黏附和侵袭肠黏膜细胞的分子基础[J].生命的化学,2011(01):124-127.

[63]张建群,罗学辉,黄绍军.浙江省余姚市腹泻儿童沙门菌感染流行病学特征和耐药分析[J].疾病监测,2015,30(09):776-779.

[64]张杰,崔艳娜,刘绣华.安石榴苷的研究进展[J].化学研究,2014(06):551-562.

[65]张立华,张元湖,曹慧,等.石榴皮提取液对草莓的保鲜效果[J].农业工程学报,2010(02):361-365.

[66]张燎原,陈立志,闫潞锋,等.基于中草药数据库细菌群体感应抑制剂的虚拟筛选[J].江西农业大学学报,2012(05):948-953.

[67]张涛,王桂清.植物源抑菌杀菌物质提取方法研究进展[J].广东农业科学,2011,13:59-62.

[68]张纬,孙晓明,徐建设,等.柠檬提取物对耐药金黄色葡萄球菌抑制作用机制的初步研究[J].中国病原生物学杂志,2009(09):652-655+658+726.

[69]张文成,朱丽臻,李富强,等.沙门氏菌血清型研究进展[J].齐鲁工业大学学报,2019,33(05):10-14.

[70]张文艳,张宏梅,周文渊,等.茶多酚、柠檬醛和肉桂醛对食源菌生物被膜的影响研究[J].中国调味品,2012,11:55-59.

[71]张晓兵,府伟灵.细菌群体感应系统研究进展[J].中华医院感染学杂志,2010,11:1639-1642.

[72]赵建梅,李月华,张青青,等.2008—2017年我国部分地区禽源沙门氏菌流行状况及耐药分析[J].中国动物检疫,2019,36(08):27-35.

[73]郑林,祝令伟,郭学军,等.沙门氏菌主要流行血清型耐药性的研究进展[J].江苏农业科学,2020,48(06):8-12.

[74]朱静,陆晶晶,袁其朋.大孔吸附树脂对石榴皮多酚的分离纯化[J].食品科技,2010,35(1):188-193.

[75]邹颜秋硕,杨祖顺,田云屏,等.2014~2018年云南省食源性沙门氏菌耐药监测分析[J].食品安全质量检测学报,2019,10(22):7601-7605.

[76]Dhawi A A, Elazomi A, Jones M A, et al. Adaptation to the chicken intestine in Salmonella Enteritidis PT4 studied by transcriptional analysis [J]. Veterinary microbiology, 2011,153:1-2.

[77]Adams L S, Seeram N P, Aggarwal B B, et al. Pomegranate juice, total pomegranate ellagitannins, and punicalagin suppress inflammatory cell signaling in colon cancer cells [J]. Journal of Agricultural and Food Chemistry, 2006,54(3):980.

[78]Aderem A, Underhill, D M. Mechanisms of phagocytosis in macrophages[J]. Annual Review of Immunology, 1999,17:593-623.

［79］Ahmer B M M, van Reeuwijk J, Timmers C D, et al. Salmonella typhimurium encodes an SdiA homolog, a putative quorum sensor of the LuxR family, that regulates genes on the virulence plasmid［J］. Journal of Bacteriology, 1998,180(5):1185-1193.

［80］Aizawa S I. Flagellar assembly in Salmonella typhimurium［J］. Molecular Microbiology, 1996,19(1):1-5.

［81］Albaghdadi H, Robinson N, Finlay B, et al. Selectively Reduced Intracellular Proliferation of Salmonella enterica Serovar Typhimurium within APCs Limits Antigen Presentation and Development of a Rapid CD8 T Cell Response［J］. Journal of Immunology, 2009,183(6):3778-3787.

［82］Alexander C, Rietschel E T. Bacterial lipopolysaccharides and innate immunity［J］. Journal of Endotoxin Research, 2001,7(3):167-202.

［83］Al-Muammar M N, Khan F. Obesity: The preventive role of the pomegranate (Punica granatum). Nutrition, 2012,28(6):595-604.

［84］Anders S, Huber W. Differential expression of RNA-Seq data at the gene level-the DESeq package［J］. Germany: European Molecular Biology Laboratory (EMBL), Heidelberg, 2012,10: f1000research.

［85］Andrews-Polymenis H L, Baumler A J, McCormick B A, et al. Taming the Elephant: Salmonella Biology, Pathogenesis, and Prevention［J］. Infection and immunity, 2010, 78(6):2356-2369.

［86］Ankri S, Mirelman D. Antimicrobial properties of allicin from garlic［J］. Microbes and infection, 1999,1(2):125-129.

［87］Antunes L C M, Ferreira R B R, Buckner M M C, et al. Quorum sensing in bacterial virulence［J］. Microbiology-Sgm, 2010,156:2271-2282.

［88］Aqil F, Khan M S A, Owais M,et al. Effect of certain bioactive plant extracts on clinical isolates of beta-lactamase producing methicillin resistant Staphylococcus aureus［J］. Journal of basic microbiology, 2005,45(2):106-114.

［89］Aqil F, Munagala R, Vadhanam M V,et al. Anti-proliferative activity and protection against oxidative DNA damage by punicalagin isolated from pomegranate husk［J］. Food Research International, 2012,49(1):345-353.

［90］Aviram M, Dornfeld L, Rosenblat M, et al. Pomegranate juice consumption reduces oxidative stress, atherogenic modifications to LDL, and platelet aggregation: studies in humans and in atherosclerotic apolipoprotein E-deficient mice［J］. American Journal of Clinical Nutrition, 2000,71(5):1062-1076.

［91］Bai A J, Rai V R. Bacterial Quorum Sensing and Food Industry［J］. Comprehensive Reviews in Food Science and Food Safety, 2011,10(3):184-194.

［92］Bearson B L, Bearson S M D. The role of the QseC quorum-sensing sensor kinase in colonization and norepinephrine-enhanced motility of Salmonella enterica serovar Typhimurium［J］. Microbial Pathogenesis, 2008,44(4):271-278.

[93] BenNasr C, Ayed N, Metche M. Quantitative determination of the polyphenolic content of pomegranate peel [J]. Zeitschrift Fur Lebensmittel - Untersuchung Und - Forschung, 1996,203(4):374-378.

[94] Bhavsar A P, Guttman J A, Finlay B B. Manipulation of host-cell pathways by bacterial pathogens[J]. Nature, 2007,449(7164):827-834.

[95] Blanco A R, Sudano-Roccaro A, Spoto G C, et al. Epigallocatechin gallate inhibits biofilm formation by ocular staphylococcal isolates [J]. Antimicrob Agents Chemother, 2005,49(10): 4339-4343.

[96] Boise L H, Collins C M. Salmonella-induced cell death: apoptosis, necrosis or programmed cell death[J]. Trends Microbiol, 2001, 9(2):64-7.

[97] Bot C, Prodan C. Probing the membrane potential of living cells by dielectric spectroscopy. European Biophysics Journal, 2009,38(8):1049-1059.

[98] Breeuwer P, Drocourt J, Rombouts F M, et al. A novel method for continuous determination of the intracellular pH in bacteria with the internally conjugated fluorescent probe 5 (and 6-)-carboxyfluorescein succinimidyl ester [J]. Applied and Environmental Microbiology, 1996,62(1):178-183.

[99] Brennan M A, Cookson B T. Salmonella induces macrophage death by caspase - 1 - dependent necrosis[J]. Molecular Microbiology, 2000,38(1):31-40.

[100] Bueno S M, Riquelme S A, Riedel C A, et al. Mechanisms used by virulent Salmonella to impair dendritic cell function and evade adaptive immunity[J]. Immunology, 2012, 137(1):28-36.

[101] Carraro L, Fasolato L, Montemurro F, et al. Polyphenols from olive mill waste affect biofilm formation and motility in Escherichia coli K-12[J]. Microbial Biotechnology, 2014,7(3):265-275.

[102] Carrasco E, Morales - Rueda A, Garcia - Gimeno R M. Cross - contamination and recontamination by Salmonella in foods: A review[J]. Food Research International, 2012,45(2):545-556.

[103] Cerda B, Llorach R, Ceron J J, et al. Evaluation of the bioavailability and metabolism in the rat of punicalagin, an antioxidant polyphenol from pomegranate juice [J]. European Journal of Nutrition, 2003,42:18-28.

[104] Cerda B, Ceron J J, Tomas-Barberan F A, et al.Repeated oral administration of high doses of the pomegranate ellagitannin punicalagin to rats for 37 days is not toxic [J]. Journal of Agricultural and Food Chemistry, 2003,51(11):3493-3501.

[105] Cerda B, Periago P, Espin J C, et al. Identification of urolithin A as a metabolite produced by human colon microflora from ellagic acid and related compounds [J]. Journal of Agricultural and Food Chemistry, 2005,53(14):5571-5576.

[106] Chanana V, Majumdar S, Rishi P. Involvement of caspase-3, lipid peroxidation and TNF-alpha in causing apoptosis of macrophages by coordinately expressed Salmonella phenotype

under stress conditions[J]. Molecular Immunology, 2007,44(7):1551-1558.

[107] Chen C Y, Tsen H Y, Lin C L, et al. Enhancement of the immune response against Salmonella infection of mice by heat-killed multispecies combinations of lactic acid bacteria[J]. Journal of Medical Microbiology, 2013,62:1657-1664.

[108] Chen M H, Lo D Y, Liao J W, et al. Immunostimulation of Sugar Cane Extract on Neutrophils to Salmonella typhimurium Infection in Mice[J]. Phytotherapy Research, 2012,26(7):1062-1067.

[109] Cho E J, Shin J S, Noh Y S, et al. Anti-inflammatory effects of methanol extract of Patrinia scabiosaefolia in mice with ulcerative colitis[J]. Journal of Ethnopharmacology, 2011,136(3):428-435.

[110] Choo J H, Rukayadi Y, Hwang J K. Inhibition of bacterial quorum sensing by vanilla extract[J]. Letters in Applied Microbiology, 2006,42(6):637-641.

[111] Coburn B, Grassl G A, Finlay B B.Salmonella, the host and disease: a brief review [J]. Immunology and Cell Biology, 2007,85(2):112-118.

[112] Cowan M M. Plant products as antimicrobial agents[J]. Clinical Microbiology Reviews, 1999,12(4):564-582.

[113] Cushnie T P, Lamb A J. Recent advances in understanding the antibacterial properties of flavonoids[J]. Int J Antimicrob Agents, 2011,38(2): 99-107.

[114] Dilshara M G, Jayasooriya R, Kang C H, et al. Downregulation of pro-inflammatory mediators by a water extract of Schisandra chinensis (Turcz.) Baill fruit in lipopolysaccharide-stimulated RAW 264.7 macrophage cells[J]. Environmental Toxicology and Pharmacology, 2013,36(2):256-264.

[115] Domenico Rongai, Patrizio Pulcini, Giovanni Di Lernia, et al.Punicalagin Content and Antifungal Activity of Different Pomegranate (Punica ganatum L.) Genotypes [J]. MDPI, 2019,5(3):52.

[116] Duran M, Faljoni-Alario A, Duran N.Chromobacterium violaceum and its important metabolites-review[J]. Folia Microbiologica, 2010,55(6):535-547.

[117] Esaki H, Shimura K, Yamazaki Y, et al. National surveillance of Salmonella Enteritidis in commercial eggs in Japan[J]. Epidemiology and Infection, 2013,141(5):941-943.

[118] Fabrega A, Vila J. Salmonella enterica Serovar Typhimurium Skills To Succeed in the Host: Virulence and Regulation[J]. Clinical Microbiology Reviews, 2013,26(2): 308-341.

[119] Finegold S M, Summanen P H, Corbett K, et al. Pomegranate extract exhibits in vitro activity against Clostridium difficile[J]. Nutrition, 2014,30(10):1210-1212.

[120] Fink S L, Cookson B T. Pyroptosis and host cell death responses during Salmonella infection[J]. Cellular Microbiology, 2007,9(11):2562-2570.

[121] Fischer U A, Carle R, Kammerer D R.Identification and quantification of phenolic compounds from pomegranate (Punica granatum L.) peel, mesocarp, aril and

differently produced juices by HPLC-DAD-ESI/MSn[J]. Food Chemistry, 2011,127 (2):807-821.

[122] Gimenez - Bastida J A, Truchado P, Larrosa M, et al. Urolithins, ellagitannin metabolites produced by colon microbiota, inhibit Quorum Sensing in Yersinia enterocolitica: Phenotypic response and associated molecular changes [J]. Food Chemistry, 2012,132:1465-1474.

[123] Glazer I, Masaphy S, Marciano P, et al. Partial Identification of Antifungal Compounds from Punica granatum Peel Extracts[J]. Journal of Agricultural and Food Chemistry, 2012,60(19):4841-4848.

[124] Glenn L M, Lindsey R L, Folster J P, et al. Antimicrobial Resistance Genes in Multidrug - Resistant Salmonella enterica Isolated from Animals, Retail Meats, and Humans in the United States and Canada[J]. Microbial Drug Resistance, 2013,19(3): 175-184.

[125] Gosselin D, Glass C K. Epigenomics of macrophages[J]. Immunological Reviews, 2014,262(1):96-112.

[126] Guan S, Wang Z N, Huang Y X, et al. Punicalagin exhibits negative regulatory effects on LPS-induced acute lung injury[J]. European Food Research and Technology, 2014, 239(5):837-845.

[127] Hansen - Wester I, Hensel M. Salmonella pathogenicity islands encoding type III secretion systems[J]. Microbes and infection,2014,3:549-559.

[128] Haraga A, Ohlson M B, Miller S I. Salmonella interplay with host cells[J]. Nature Reviews Microbiology, 2008,6(1):53-66.

[129] Hensel M, Evolution of pathogenicity islands of Salmonella enterica. [J]. International Journal of Medical Microbiology, 2004,294(2-3):95-102.

[130] Hwang S J, Kim Y W, Park Y, et al. Anti-inflammatory effects of chlorogenic acid in lipopolysaccharide-stimulated RAW 264.7 cells[J]. Inflammation Research, 2014,63 (1):81-90.

[131] Inamuco J, Veenendaal A K J, Burt S A, et al.Sub-lethal levels of carvacrol reduce Salmonella Typhimurium motility and invasion of porcine epithelial cells[J]. Veterinary Microbiology, 2012,157(1-2):200-207.

[132] Iqbal S, Haleem S, Akhtar M, et al. Efficiency of pomegranate peel extracts in stabilization of sunflower oil under accelerated conditions [J]. Food Research International, 2008,41(2):194-200.

[133] Ismail T, Sestili P, Akhtar S. Pomegranate peel and fruit extracts: A review of potential anti-inflammatory and anti-infective effects[J]. Journal of Ethnopharmacology, 2012, 143(2):397-405.

[134] Jurenka J.Therapeutic applications of pomegranate (Punica granatum L.): A review [J]. Alternative Medicine Review, 2008,13(2):128-144.

[135]Kaplan M, Hayek T, Raz A, et al,Pomegranate juice supplementation to atherosclerotic mice reduces macrophage lipid peroxidation, cellular cholesterol accumulation and development of atherosclerosis[J]. Journal of Nutrition, 2001,131(8):2082-2089.

[136]Kim G S, Kim D H, Lim J J, et al. Biological and Antibacterial Activities of the Natural Herb Houttuynia cordata Water Extract against the Intracellular Bacterial Pathogen Salmonella within the RAW 264. 7 Macrophage [J]. Biological & Pharmaceutical Bulletin, 2008,31(11):2012-2017.

[137]Kim M J, Kim K, Jeong D H, et al. Anti-inflammatory activity of ethanolic extract of Sargassum sagamianum in RAW 264.7 cells[J]. Food Science and Biotechnology, 2013, 22(4):1113-1120.

[138]Kim S P, Kang M Y, Park J C, et al. Rice Hull Smoke Extract Inactivates Salmonella Typhimurium in Laboratory Media and Protects Infected Mice against Mortality [J]. Journal of Food Science, 2012,77(1):M80-M85.

[139]Kim S P, Moon E, Nam S H, et al. Composition of Herba Pogostemonis Water Extract and Protection of Infected Mice against Salmonella Typhimurium-Induced Liver Damage and Mortality by Stimulation of Innate Immune Cells[J]. Journal of Agricultural and Food Chemistry, 2012,60(49):12122-12130.

[140]Kim S P, Moon E, Nam S H, et al. Hericium erinaceus Mushroom Extracts Protect Infected Mice against Salmonella Typhimurium-Induced Liver Damage and Mortality by Stimulation of Innate Immune Cells[J]. Journal of Agricultural and Food Chemistry, 2012,60(22):5590-5596.

[141]Knodler L A, Finlay B B. Salmonella and apoptosis:to live or let die[J]. Microbes and Infection, 2001,3(14-15):1321-1326.

[142]Knowles J R, Roller S, Murray D B, et al. Antimicrobial action of carvacrol at different stages of dual-species biofilm development by Staphylococcus aureus and Salmonella enterica serovar typhimurium[J]. Applied and Environmental Microbiology, 2005,71 (2):797-803.

[143]Koh C L, Sam C K, Yin W F, et al. Plant-Derived Natural Products as Sources of Anti-Quorum Sensing Compounds[J]. Sensors, 2013,13(5):6217-6228.

[144]Kohda C, Yanagawa Y, Shimamura T. Epigallocatechin gallate inhibits intracellular survival of Listeria monocytogenes in macrophages[J]. Biochemical and Biophysical Research Communications, 2008,365(2): 310-315.

[145]Kulkarni A P, Aradhya S M, Divakar S. Isolation and identification of a radical scavenging antioxidant - punicalagin from pith and carpellary membrane of pomegranate fruit[J]. Food Chemistry, 2004,87(4):551-557.

[146]Kulkarni A P, Mahal H S, Kapoor S, et al. In vitro studies on the binding, antioxidant, and cytotoxic actions of punicalagin[J]. Journal of Agricultural and Food Chemistry, 2007,55(4):1491-1500.

[147]Kumar N V, Murthy P S, Manjunatha J R, et al. Synthesis and quorum sensing inhibitory activity of key phenolic compounds of ginger and their derivatives[J]. Food Chemistry, 2014,159:451-457.

[148]Kwon D J, Ju S M, Youn G S, et al. Suppression of iNOS and COX-2 expression by flavokawain A via blockade of NF-kappa B and AP-1 activation in RAW 264.7 macrophages[J]. Food and Chemical Toxicology, 2013,58:479-486.

[149]LaPlante K L, Sarkisian S A, Woodmansee S, et al. Effects of Cranberry Extracts on Growth and Biofilm Production of Escherichia coli and Staphylococcus species[J]. Phytotherapy Research, 2012,26(9):1371-1374.

[150]Lara-Tejero M, Sutterwala F S, Ogura Y, et al. Role of the caspase-1 inflammasome in Salmonella typhimurium pathogenesis[J]. Journal of Experimental Medicine, 2006,203 (6):1407-1412.

[151]Larrosa M, Tomas-Barberan F A, Espin J C. The dietary hydrolysable tannin punicalagin releases ellagic acid that induces apoptosis in human colon adenocarcinoma Caco-2 cells by using the mitochondrial pathway[J]. Journal of Nutritional Biochemistry, 2006, 17 (9):611-625.

[152]Lee D S, Je J Y. Gallic Acid-Grafted-Chitosan Inhibits Foodborne Pathogens by a Membrane Damage Mechanism[J]. Journal of Agricultural and Food Chemistry, 2013, 61(26):6574-6579.

[153]Lee J H, Cho H S, Joo S W, et al. Diverse plant extracts and trans-resveratrol inhibit biofilm formation and swarming of Escherichia coli O157: H7[J]. Biofouling, 2013,29 (10):1189-1203.

[154]Lee J H, Kim Y G, Ryu S Y, et al. Ginkgolic acids and Ginkgo biloba extract inhibit Escherichia coli O157: H7 and Staphylococcus aureus biofilm formation [J]. International Journal of Food Microbiology, 2014,174:47-55.

[155]Lee J H, Park J H, Cho H S, et al. Anti-biofilm activities of quercetin and tannic acid against Staphylococcus aureus[J]. Biofouling, 2013,29(5):491-499.

[156]Lee J H, Park J H, Kim J A, et al. Low concentrations of honey reduce biofilm formation, quorum sensing, and virulence in Escherichia coli O157: H7. Biofouling[J]. 2011,27(10): 1095-1104.

[157]Lee S I, Kim B S, Kim K S, et al. Immune-suppressive activity of punicalagin via inhibition of NFAT activation [J]. Biochemical and Biophysical Research Communications, 2008,371(4):799-803.

[158]Leick M, Azcutia V, Newton G, et al. Leukocyte recruitment in inflammation: basic concepts and new mechanistic insights based on new models and microscopic imaging technologies[J]. Cell and Tissue Research, 2014,355(3):647-656.

[159]Leng B F, Qiu J Z, Dai X H, et al. Allicin Reduces the Production of alpha-Toxin by Staphylococcus aureus[J]. Molecules, 2011,16(9):7958-7968.

［160］Li G, Qiao M, Guo Y, et al. Effect of Subinhibitory Concentrations of Chlorogenic Acid on Reducing the Virulence Factor Production by Staphylococcus aureus［J］. Foodborne Pathogens and Disease,2014,11(9): 677-683.

［161］Li G H, Wang X, Xu Y F, et al. Antimicrobial effect and mode of action of chlorogenic acid on Staphylococcus aureus［J］. European Food Research and Technology, 2014,238 (4):589-596.

［162］Li G H, Xu Y F, Wang X, et al. Tannin-Rich Fraction from Pomegranate Rind Damages Membrane of Listeria monocytogenes［J］. Foodborne Pathogens and Disease, 2014,11(4):313-319.

［163］Li J, Dong J, Qiu J Z, et al. Peppermint Oil Decreases the Production of Virulence-Associated Exoproteins by Staphylococcus aureus［J］. Molecules, 2011,16(2):1642-1654.

［164］Lin C C, Hsu Y F, Lin T C. Effects of punicalagin and punicalin on carrageenan-induced inflammation in rats［J］. American Journal of Chinese Medicine, 1999,27(3-4):371-376.

［165］Lin C C, Hsu Y F, Lin T C, et al. Antioxidant and hepatoprotective activity of punicalagin and punicalin on carbon tetrachloride-induced liver damage in rats［J］. Journal of Pharmacy and Pharmacology, 1998,50(7):789-794.

［166］Lin C C, Hsu Y F, Lin T C, et al. Antioxidant and hepatoprotective effects of punicalagin and punicalin on acetaminophen-induce liver damage in rats［J］. Phytotherapy Research, 2001,15(3):206-212.

［167］Lindgren S W, Stojiljkovic I, Heffron F. Macrophage killing is an essential virulence mechanism of Salmonella typhimurium［J］. Proceedings of the National Academy of Sciences of the United States of America, 1996,93(9):4197-4201.

［168］Lou Z, Wang H, Zhu S, et al. Antibacterial Activity and Mechanism of Action of Chlorogenic Acid［J］. Journal of Food Science, 2011,76(6):M398-M403.

［169］Luu R A, Gurnani K, Dudani R, et al. Delayed expansion and contraction of CD8(+) T cell response during infection with virulent Salmonella typhimurium［J］. Journal of Immunology, 2006,177(3):1516-1525.

［170］Lv F, Liang H, Yuan Q, et al. In vitro antimicrobial effects and mechanism of action of selected plant essential oil combinations against four food-related microorganisms［J］. Food Research International, 2011,44(9):3057-3064.

［171］Machado T B, Pinto A V, Pinto M C, et al. In vitro activity of Brazilian medicinal plants, naturally occurring naphthoquinones and their analogues, against methicillin-resistant Staphylococcus aureus ［J］. International Journal of Antimicrobial Agents, 2003,21(3): 279-284.

［172］Malviya S, Arvind Jha A, Hettiarachchy N. Antioxidant and antibacterial potential of pomegranate peel extracts［J］. Journal of Food Science and Technology-Mysore, 2014, 51(12):4132-4137.

[173] Marcus S L, Brumell J H, Pfeifer C G, et al. Salmonella pathogenicity islands: big virulence in small packages[J]. Microbes and Infection, 2000,2(2):145-156.

[174] Martins F S, Vieira A T, Elian S D A, et al. Inhibition of tissue inflammation and bacterial translocation as one of the protective mechanisms of Saccharomyces boulardii against Salmonella infection in mice[J]. Microbes and Infection, 2013,15(4):270-279.

[175] McClean K H, Winson M K, Fish L, et al. Quorum sensing and Chromobacterium violaceum: exploitation of violacein production and inhibition for the detection of N-acylhomoserine lactones[J]. Microbiology-Uk, 1997,143:3703-3711.

[176] McNelis J C, Olefsky J M. Macrophages, Immunity, and Metabolic Disease[J]. Immunity, 2014,41(1):36-48.

[177] Michael B, Smith J N, Swift S, et al. SdiA of Salmonella enterica is a LuxR homolog that detects mixed microbial communities[J]. Journal of Bacteriology, 2001,183(19): 5733-5742.

[178] Miguel M G, Neves M A, Antunes M D. Pomegranate (Punica granatum L.): A medicinal plant with myriad biological properties - A short review[J]. Journal of Medicinal Plants Research, 2010, 4(25):2836-2847.

[179] Monack D M, Hersh D, Ghori N, et al. Salmonella exploits caspase-1 to colonize Peyer's patches in a murine typhoid model[J]. Journal of Experimental Medicine, 2000,192(2): 249-258.

[180] Myszka K, Czaczyk K. N-Acylhomoserine Lactones (AHLs) as Phenotype Control Factors Produced by Gram-Negative Bacteria in Natural Ecosystems[J]. Polish Journal of Environmental Studies, 2012,21:15-21.

[181] Naveena B M, Sen A R, Vaithiyanathan S, et al. Comparative efficacy of pomegranate juice, pomegranate rind powder extract and BHT as antioxidants in cooked chicken patties[J]. Meat Science, 2008,80(4):1304-1308.

[182] Nazzaro F, Fratianni F, Coppola R. Quorum Sensing and Phytochemicals[J]. International Journal of Molecular Sciences, 2013,14(6):12607-12619.

[183] Nostro A, Cellini L, Zimbalatti V, et al. Enhanced activity of carvacrol against biofilm of Staphylococcus aureus and Staphylococcus epidermidis in an acidic environment[J]. Apmis, 2012,120(12):967-973.

[184] Olajide O A, Kumar A, Velagapudi R, et al. Punicalagin inhibits neuroinflammation in LPS- activated rat primary microglia[J]. Molecular Nutrition & Food Research, 2014, 58(9):1843-1851.

[185] Pag U, Oedenkoven M, Papo N, et al. In vitro activity and mode of action of diastereomeric antimicrobial peptides against bacterial clinical isolates[J]. Journal of Antimicrobial Chemotherapy, 2004,53(2):230-239.

[186] Park A, Jeong H H, Lee J, et al. The inhibitory effect of phloretin on the formation of Escherichia coli O157:H7 biofilm in a microfluidic system[J]. Biochip Journal, 2012,6

（3）:299-305.

[187] Patel C, Dadhaniya P, Hingorani L, et al. Safety assessment of pomegranate fruit extract: Acute and subchronic toxicity studies [J]. Food and Chemical Toxicology, 2008,46(8):2728-2735.

[188] Petersen A, Bergstrom A, Andersen J B, et al. Analysis of the intestinal microbiota of oligosaccharide fed mice exhibiting reduced resistance to Salmonella infection [J]. Beneficial Microbes, 2010,1(3):271-281.

[189] Piovezan M, Uchida N S, da Silva A F, et al. Effect of cinnamon essential oil and cinnamaldehyde on Salmonella Saintpaul biofilm on a stainless steel surface[J]. Journal of General and Applied Microbiology, 2014,60(3):119-121.

[190] Puri A W, Broz P, Shen A, et al. Caspase-1 activity is required to bypass macrophage apoptosis upon Salmonella infection[J]. Nature Chemical Biology, 2012,8(9):745-747.

[191] Qiu J Z, Feng H H, Lu J, et al. Eugenol Reduces the Expression of Virulence-Related Exoproteins in Staphylococcus aureus [J]. Applied and Environmental Microbiology, 2010,76(17):5846-5851.

[192] Qiu J Z, Xiang H, Hu C, et al. Subinhibitory concentrations of farrerol reduce alpha-toxin expression in Staphylococcus aureus[J]. Fems Microbiology Letters, 2011,315 (2):129-133.

[193] Qiu J, Feng H, Lu J, et al. Eugenol Reduces the Expression of Virulence-Related Exo-proteins in Staphylococcus aureus[J]. Applied and Environmental Microbiology, 2010, 76(17):5846-5851.

[194] Qiu J, Jiang Y, Xia L, et al. Subinhibitory concentrations of licochalcone A decrease alpha-toxin production in both methicillin-sensitive and methicillin-resistant Staphylococcus aureus isolates[J]. Letters in Applied Microbiology, 2010,50(2):223-229.

[195] Qiu J, Li H, Meng H, et al. Impact of luteolin on the production of alpha-toxin by Staphylococcus aureus[J]. Letters in Applied Microbiology, 2011,53(2):238-243.

[196] Qiu J, Wang J, Luo H, et al. The effects of subinhibitory concentrations of costus oil on virulence factor production in Staphylococcus aureus[J]. Journal of Applied Microbiology, 2011,110(1):333-340.

[197] Raetz C R H, Whitfield C. Lipopolysaccharide endotoxins [J]. Annual Review of Biochemistry, 2002,71:635-700.

[198] Rashid M H, Kornberg A. Inorganic polyphosphate is needed for swimming, swarming, and twitching motilities of Pseudomonas aeruginosa [J]. Proceedings of the National Academy of Sciences of the United States of America, 2000,97(9):4885-4890.

[199] Rasko D A, Sperandio V. Anti-virulence strategies to combat bacteria-mediated disease [J]. Nature Reviews Drug Discovery, 2010,9(2): 117-128.

[200] Raupach B, Peuschel S K, Monack D M, et al. Caspase-1-mediated activation of interleukin-1 beta (IL-1 beta) and IL-18 contributes to innate immune defenses

against Salmonella enterica serovar typhimurium infection[J]. Infection and Immunity, 2006,74(8):4922-4926.

[201]Reddy M K, Gupta S K, Jacob M R, et al. Antioxidant, antimalarial and antimicrobial activities of tannin - rich fractions, ellagitannins and phenolic acids from Punica granatum L[J]. Planta Med, 2007,73(5): 461-467.

[202]Rhayour K, Bouchikhi T, Tantaoui-Elaraki A, et al. The mechanism of bactericidal action of oregano and clove essential oils and of their phenolic major components on Escherichia coli and Bacillus subtilis[J]. Journal of Essential Oil Research, 2003,15 (4):286-292.

[203]Robinson N, McComb S, Mulligan R, et al. Type I interferon induces necroptosis in macrophages during infection with Salmonella enterica serovar Typhimurium[J]. Nature Immunology, 2012,13(10):954-962.

[204]Sallam K I, Mohammed M A, Hassan M A, et al. Prevalence, molecular identification and antimicrobial resistance profile of Salmonella serovars isolated from retail beef products in Mansoura, Egypt[J]. Food Control, 2014,38:209-214.

[205]Sanchez E, Garcia S, Heredia N. Extracts of Edible and Medicinal Plants Damage Membranes of Vibrio cholerae[J]. Applied and Environmental Microbiology, 2010,76 (20):6888-6894.

[206]Seeram N P, Adams L S, Henning S M, et al. In vitro antiproliferative, apoptotic and antioxidant activities of punicalagin, ellagic acid and a total pomegranate tannin extract are enhanced in combination with other polyphenols as found in pomegranate juice[J]. Journal of Nutritional Biochemistry, 2005,16(6):360-367.

[207]Shi X M, Zhu X N. Biofilm formation and food safety in food industries[J]. Trends in Food Science & Technology, 2009,20(9):407-413.

[208]Siriken B. Salmonella Pathogenicity Islands[J]. Mikrobiyoloji Bulteni, 2013,47(1): 181-188.

[209]Srinivasan A, McSorley S J. Activation of Salmonella-specific immune responses in the intestinal mucosa[J]. Archivum Immunologiae Et Therapiae Experimentalis, 2006,54 (1):25-31.

[210]Stojanovié-Radié Z, Čomié L, Radulovié N, et al. Antistaphylococcal activity of Inula helenium L. root essential oil: eudesmane sesquiterpene lactones induce cell membrane damage[J]. European journal of clinical microbiology & infectious diseases, 2012,31 (6):1015-1025.

[211]Suga H, Smith K M. Molecular mechanisms of bacterial quorum sensing as a new drug target[J]. Current Opinion in Chemical Biology, 2003,7(5):586-591.

[212]Taganna J C, Quanico J P, Perono R M G, et al. Tannin-rich fraction from Terminalia catappa inhibits quorum sensing (QS) in Chromobacterium violaceum and the QS-controlled biofilm maturation and LasA staphylolytic activity in Pseudomonas aeruginosa

[J]. Journal of Ethnopharmacology, 2011,134(3):865-871.

[213] Taguri T, Tanaka T, Kouno I. Antimicrobial activity of 10 different plant polyphenols against bacteria causing food-borne disease[J]. Biological & Pharmaceutical Bulletin, 2004,27(12):1965-1969.

[214] Turgis M, Han J, Caillet S, et al. Antimicrobial activity of mustard essential oil against Escherichia coli O157:H7 and Salmonella typhi[J]. Food Control, 2009,20(12):1073-1079.

[215] Ultee A, Kets E P W, Smid E J. Mechanisms of action of carvacrol on the food-borne pathogen Bacillus cereus[J]. Applied and Environmental Microbiology, 1999,65(10):4606-4610.

[216] Ultee A, Kets E, Smid E. Mechanisms of action of carvacrol on the food-borne pathogen Bacillus cereus[J]. Applied and Environmental Microbiology, 1999,65(10):4606-4610.

[217] Upadhyaya I, Upadhyay A, Kollanoor-Johny A, et al. Effect of Plant Derived Antimicrobials on Salmonella Enteritidis Adhesion to and Invasion of Primary Chicken Oviduct Epithelial Cells in vitro and Virulence Gene Expression[J]. International Journal of Molecular Sciences, 2013,14(5):10608-10625.

[218] Uroz S, Dessaux Y, Oger P. Quorum Sensing and Quorum Quenching: The Yin and Yang of Bacterial Communication[J]. Chembiochem, 2009,10(2):205-216.

[219] Usta C, Ozdemir S, Schiariti M, et al. The pharmacological use of ellagic acid-rich pomegranate fruit[J]. International Journal of Food Sciences and Nutrition, 2013,64(7):907-913.

[220] Valdez Y, Ferreira R B R, Finlay B B. Molecular Mechanisms of Salmonella Virulence and Host Resistance[J]. In Molecular Mechanisms of Bacterial Infection Via the Gut, 2009,337:93-127.

[221] Vidric M, Bladt A T, Dianzani U, et al. Role for inducible costimulator in control of Salmonella enterica serovar Typhimurium infection in mice[J]. Infection and Immunity, 2006,74(2):1050-1061.

[222] Viuda-Martos M, Fernandez-Lopez J, Perez-Alvarez J A. Pomegranate and its Many Functional Components as Related to Human Health: A Review[J]. Comprehensive Reviews in Food Science and Food Safety, 2010,9(6):635-654.

[223] Walters M, Sperandio V. Quorum sensing in Escherichia coli and Salmonella[J]. International Journal of Medical Microbiology, 2006,296(2-3):125-131.

[224] Walthers D, Carroll R K, Navarre W W, et al. The response regulator SsrB activates expression of diverse Salmonella pathogenicity island 2 promoters and counters silencing by the nucleoid-associated protein H-NS[J]. Molecular Microbiology,2007,65:477-493.

[225] Wang Q S, Cui Y L, Dong T J, et al. Ethanol extract from a Chinese herbal formula, "Zuojin Pill", inhibit the expression of inflammatory mediators in lipopolysaccharide-

stimulated RAW 264.7 mouse macrophages[J]. Journal of Ethnopharmacology, 2012, 141(1):377-385.

[226]Wang S G, Huang M H, Li J H, et al. Punicalagin induces apoptotic and autophagic cell death in human U87MG glioma cells[J]. Acta Pharmacologica Sinica, 2013,34 (11):1411-1419.

[227]Weir E K, Martin L C, Poppe C, et al. Subinhibitory concentrations of tetracycline affect virulence gene expression in a multi-resistant Salmonella enterica subsp enterica serovar Typhimurium DT104[J]. Microbes and infection,2008,10:901-907.

[228]Wick M J.Innate Immune Control of Salmonella enterica Serovar Typhimurium: Mechanisms Contributing to Combating Systemic Salmonella Infection[J]. Journal of Innate Immunity, 2011,3(6):543-549.

[229]Wojnicz D, Kucharska A Z, Sokol-Letowska A, et al. Medicinal plants extracts affect virulence factors expression and biofilm formation by the uropathogenic Escherichia coli [J]. Urological Research, 2012,40(6):683-697.

[230]Wu D, Ma X, Tian W. Pomegranate husk extract, punicalagin and ellagic acid inhibit fatty acid synthase and adipogenesis of 3T3-L1 adipocyte[J]. Journal of Functional Foods, 2013,5(2):633-641.

[231]Xianhua Yin, Carlton L Gyles, Joshua Gong. Grapefruit juice and its constituents augment the effect of low pH on inhibition of survival and adherence to intestinal epithelial cells of Salmonella entericaserovar Typhimurium PT193[J]. International Journal of Food Microbiology. 2012,158(3): 232-238.

[232]Xiao Z P, Shi D H, Li H Q, et al. Polyphenols based on isoflavones as inhibitors of Helicobacter pylori urease[J]. Bioorganic & Medicinal Chemistry, 2007,15(11): 3703-3710.

[233]Xu X L, Yin P, Wan C R, et al. Punicalagin Inhibits Inflammation in LPS-Induced RAW264.7 Macrophages via the Suppression of TLR4-Mediated MAPKs and NF-kappa B Activation[J]. Inflammation, 2014,37(3):956-965.

[234]Xu Y F, Li G H, Zhang B G, et al. Tannin-Rich Pomegranate Rind Extracts Reduce Adhesion to and Invasion of Caco-2 Cells by Listeria monocytogenes and Decrease Its Expression of Virulence Genes[J]. Journal of Food Protection, 2015,78(1):128-133.

[235]Yaidikar L, Byna B, Thakur S R. Neuroprotective Effect of Punicalagin against Cerebral Ischemia Reperfusion-induced Oxidative Brain Injury in Rats[J]. Journal of Stroke & Cerebrovascular Diseases,2014,23(10):2869-2878.

[236]Yang B W, Qiao L P, Zhang X L, et al. Serotyping, antimicrobial susceptibility, pulse field gel electrophoresis analysis of Salmonella isolates from retail foods in Henan Province, China[J]. Food Control, 2013,32(1):228-235.

[237]Yang B W, Qu D, Zhang X L, et al. Prevalence and characterization of Salmonella serovars in retail meats of marketplace in Shaanxi, China[J]. International Journal of

Food Microbiology, 2010,141(1−2):63−72.

[238] Yang B W, Xi M L, Wang X, et al. Prevalence of Salmonella on Raw Poultry at Retail Markets in China[J]. Journal of Food Protection, 2011,74(10):1724−1728.

[239] Yang Y J, Xiu J H, Zhang L F, et al. Antiviral activity of punicalagin toward human enterovirus 71 in vitro and in vivo[J]. Phytomedicine, 2012,20(1):67−70.

[240] Yao X L, Zhu X R, Pan S Y, et al. Antimicrobial activity of nobiletin and tangeretin against Pseudomonas[J]. Food Chemistry, 2012,132(4):1883−1890.

[241] Yuroff A, Sabat G, Hickey W. Transporter−mediated uptake of 2−chloro−and 2−hydroxybenzoate by Pseudomonas huttiensis strain D1[J]. Applied and Environmental Microbiology, 2003,69(12):7401−7408.

[242] Zhang J M, Rui X, Wang L, et al. Polyphenolic extract from Rosa rugosa tea inhibits bacterial quorum sensing and biofilm formation[J]. Food Control, 2014,42:125−131.

[243] Zhang L, Wang C C. Inflammatory response of macrophages in infection [J]. Hepatobiliary & Pancreatic Diseases International,2014, 13(2):138−152.

[244] Zhao Z G, Yan S S, Yu Y M, et al. An Aqueous Extract of Yunnan Baiyao Inhibits the Quorum − Sensing − Related Virulence of Pseudomonas aeruginosa [J]. Journal of Microbiology, 2013,51(2):207−212.

[245] Zhu H, Sun S J. Inhibition of Bacterial Quorum Sensing−Regulated Behaviors by Tremella fuciformis Extract[J]. Current Microbiology, 2008,57(5):418−422.

[246] Zou X, Yan C H, Shi Y J, et al. Mitochondrial Dysfunction in Obesity−Associated Nonalcoholic Fatty Liver Disease: The Protective Effects of Pomegranate with Its Active Component Punicalagin[J]. Antioxidants & Redox Signaling,2014,21(11):1557−1570.

后　记

　　本书的撰写得到我的导师夏效东教授的亲切指导，首先向导师夏效东教授致以崇高的敬意和衷心的感谢！导师求真务实的治学态度、一丝不苟的科学作风和孜孜不倦的工作精神是我终生学习的典范。

　　在本书完成过程中，刘学波教授、刘邻渭教授、樊明涛教授和李巨秀副教授提出了宝贵建议，在此表示衷心的感谢！同时感谢杨保伟副教授、王新副教授、任亚梅副教授、席美丽讲师、彭晓丽讲师、张百刚博士、徐云凤博士、韩淇安博士、吴倩博士、石超博士、王耀博士、蒋春美博士、蔡瑞博士及河南许昌学院的郭卫芸博士、高雪丽博士等予以的热情帮助！

　　感谢实验室的杨沁南、王灵芳、张伟松、李琼、刘小波、封雨晴和吕晓英等研究生在实验和生活中所给予的帮助！同时感谢食品学院梁秀君、乔明宇、郭燕和甘婧等同学在实验进行过程中予以的帮助，在此深表感谢！

　　在本书完稿之际，谨向在学习、生活及工作中给予我关心和帮助的亲人、朋友表示衷心的感谢和诚挚的祝福！

李光辉